服装裁剪入门及板样 70 例

智海鑫 组织编写

化学工业出版社

·北京·

本书总共分为五章，第一章的主要内容是关于服装量裁、制图和面料基础知识；第二章的主要内容是男式服装的板样制图和裁剪要点；第三章的主要内容是女式服装的板样制图和裁剪要点；第四章的主要内容是童装的板样制图和裁剪要点；第五章的主要内容是服装局部款式图例介绍。

　　本书不仅可供服装板样制图和裁剪培训班及相关专业师生学习参考，也适合具有初中以上文化程度的服装制作业余爱好者自学参考。

图书在版编目（CIP）数据

服装裁剪入门及板样70例/智海鑫组织编写. —北京：
化学工业出版社，2015.10　（2024.11重印）
ISBN 978−7−122−24851−0

Ⅰ.①服…　Ⅱ.①智…　Ⅲ.①服装量裁②服装样板
Ⅳ.①TS941.631

中国版本图书馆CIP数据核字（2015）第179999号

责任编辑：张　彦　　　　　　　　　　装帧设计：王晓宇
责任校对：吴　静

出版发行：化学工业出版社(北京市东城区青年湖南街13号　邮政编码100011)
印　　装：河北延风印务有限公司
787mm×1092mm　1/16　印张6³/₄　字数151千字　2024年11月北京第1版第19次印刷

购书咨询：010-64518888　　　　　　售后服务：010-64518899
网　　址：http://www.cip.com.cn
凡购买本书，如有缺损质量问题，本社销售中心负责调换。

定　　价：29.90元　　　　　　　　　　　　版权所有　　违者必究

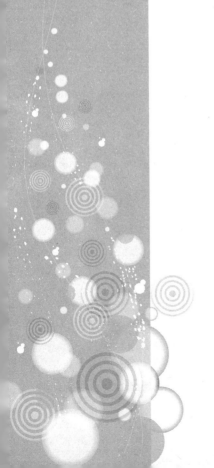

前 言
FOREWORD

在远古时代，服装的主要功能是防寒取暖。随着人类的进化，文明的萌芽，服装又日渐具有了遮羞功能。今天，服装的功能不再仅仅局限于取暖、防寒、遮羞，它还是一种可以用来进行自我展示和表达自身地位、身份与成就的工具。所谓形象产生魅力。在视觉上，服装能够帮助人们建立自己的社会地位。纵观古今中外，除去极个别例外，大多数成功者无不重视自身的服饰穿着及个人形象，尤其商界精英们。

服装是一种带有工艺性的生活必需品，在一定程度上，它也是反映一个国家、一个民族和一个时代的政治、经济、科学、文化、教育水平以及社会风尚面貌的重要标志，在我国，服装也是社会主义物质文明和精神文明建设的重要内涵。

服装在社会经济和时代风尚中所扮演的重要角色，带动了服装业的发展与繁荣。与此同时，我们所处的社会和时代也需要大量专业的服装技术人员。伴随着社会对服装专业人员的需求，相应的可供学习和参考的书籍也大量出版发行。

本书编者精心挑选了70例基础服装样式，针对服装初学者编写。全书总共分为五章，第一章的主要内容是关于服装量裁、制图和面料基础知识；第二章的主要内容是男式服装的板样制图和裁剪要点；第三章的主要内容是女式服装的板样制图和裁剪要点；第四章的主要内容是童装的板样制图和裁剪要点；第五章的主要内容是服装局部款式图例介绍。书中的每一款服装都有详细的图例和重点裁剪说明，内容丰富，图文并茂，易学易懂，实用性强，不仅可供服装板样制图和裁剪培训班及相关专业师生学习参考，也适合具有初中以上文化程度的服装制作业余爱好者自学参考。另，本书中出现的数字，除特殊标注外，均以厘米为单位。

本书在编写过程中，得到了众多服装专业人士的支持，在此深表感谢。但是由于时间等问题，本书内容中难免有不足之处，恳请广大读者指正。

再次谢谢大家。

编者

2015年7月

目录 CONTENTS

目录 CONTENTS

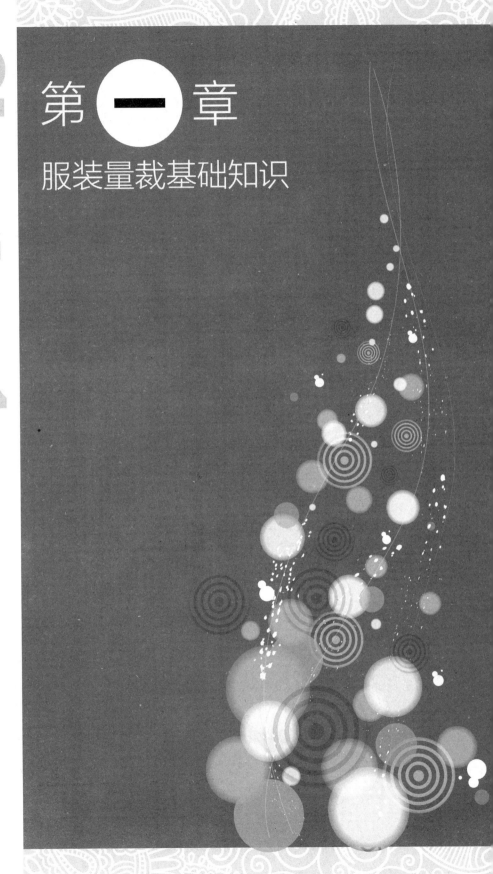

Chapter 1

第一章
服装量裁基础知识

一、服装量体的基本方法

一般来说，量体的顺序是先横后直，从上往下。量体时，被测量的人要姿势自然，无挺腰、弯腰、探视等动作。其次，在测量时，要注意被测人所穿的衣服的厚薄。测量时，软尺的松紧程度要适合，不宜过松，也不宜太紧；在测量中，软尺要保持水平线，并能根据需要随自如转动。如果被测人的体型有某种特殊情况，例如挺胸、驼背、凸肚、臀大，

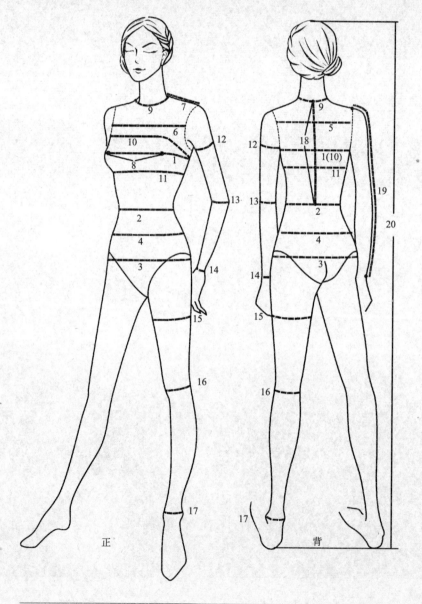

人体测量部位

1. 胸围
2. 腰围
3. 臀围
4. 上臀围
5. 背宽
6. 胸宽
7. 肩宽
8. 乳间距
9. 颈根围
10. 腋下围
11. 乳下围
12. 上臂最大围
13. 肘围
14. 腕围
15. 大腿围
16. 膝围
17. 脚踝围
18. 背长
19. 袖长
20. 身高

那么在测量后需要在记录上进行特殊标记，方便在裁剪的时候根据需要进行调整。如果被测人对服饰还有一些特殊要求，例如要求胸围稍微宽松一些，或者要求腰围稍微紧一些，必要时也应该在记录中标记出来。

测量上衣的基本顺序是领围、肩宽、胸围、腰围、臀围、袖口、衣长、袖长；测量裤子的基本顺序是腰围、臀围、直裆、脚口、裤长。

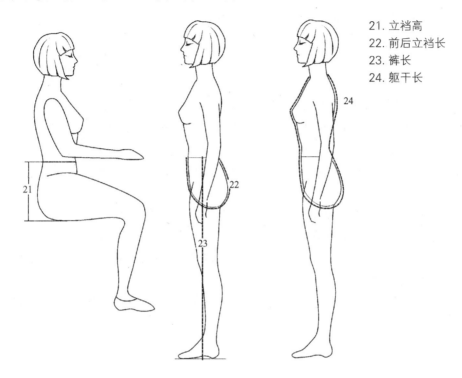

21. 立裆高
22. 前后立裆长
23. 裤长
24. 躯干长

（1）胸围：代表上衣类服装的"型"。量体时，在衬衫外，沿着腋下，绕过胸部最丰满处，水平围量一周，根据需要加放尺寸。

（2）腰围：代表裤子类服装的"型"。量体时，在单裤外，沿着腰部最细处水平围量一周，根据需要加放尺寸。

（3）臀围：绕臀部最丰满处水平围量一周，根据需要加放松度。

（4）上臀围：软尺在腰与臀的相接处水平围量一周。

（5）背宽：测量背部左右后腋点之间的长度。

（6）胸宽：测量前胸左右前腋点之间的长度。

（7）肩宽：从后背左肩骨外端顶点，测量到右肩骨外端顶点（软尺在后背中央贴紧后脖根略成弧形）。根据需要加放量。如果服装的款式需要夸张，肩宽可以适当放宽。做灯笼袖款可以适当改窄。

（8）乳间距：左右乳峰点之间的长度。

（9）颈根围：以颈椎点为起点，经左、右颈根外侧点和颈窝点，量至起点的围长。

（10）腋下围：软尺绕左右腋下水平围量一周。

（11）乳下围：在乳房下端用皮尺水平围量一周。

（12）上臂最大围：在上臂最粗的位置水平围量一周。

（13）肘围：曲臂后，通过肘点水平围量一周。在紧身袖制图时，必须有这个尺寸。

（14）腕围：通过手掌根水平围量一周。

（15）大腿围：由臀沟下缘处的大腿根，水平围量一周，即裤子下裆往下1英寸（约2.54厘米）处的裤管的围度。

（16）膝围：膝关节完全伸直，软尺在膑骨处水平围量一周。

（17）脚踝围：软尺在脚踝最细部位水平围量一周。

（18）背长：从后颈点到腰围线的垂直长度。

（19）袖长：从左肩骨外端顶点，量至手的虎口，根据需要增减长度。

（20）身高：代表服装的"号"，从头部顶点垂直量至脚跟处。

（21）立裆高：从腰部最细处至大腿根部的尺寸。量体时，被测者端坐在椅上，测量从腰带中间至椅面的距离；或者被测者站立，测量从腰带中间至臀凹处的长度。立裆长度是裤子结构设计的重要依据。

（22）前后立裆长：软尺在人体正面腰部最细处中点，垂直并绕胯下，至人体背面腰部最细处中点，围量一周。

（23）裤长：身体直立，从腰围线经过膝部，垂直量至外脚踝骨处。

（24）躯干长：从后颈骨到尾骨之间的距离。

在量体过程中，要随时对每个部位的测量数据作好记录，如果有特殊体型，更要对特殊体型或者典型特征进行记录。

总之，量体一定要至位，记录务必要准确。服装的款式、面料不同，所需要的加放量也不尽相同。

（一）西服上衣的测量与加放

（1）肩宽：从左肩最宽处开始，量至右肩最宽处；或者从左肩端点量至右肩端点。通常男装肩宽加放2～3厘米，女装肩宽加放1～2厘米。

（2）胸围：从胸高最丰满处开始，水平围量一圈。测量胸围时，软尺的松紧度一定要合适，软尺围住胸围时，能自如转动。一般来说，男式西服的胸围的加放量大约是18～24厘米；如果西服内穿一件衬衫，那么加放量大约是18厘米；如果西服内要穿羊毛衫或者毛衣，那么根据羊毛衫和毛衣的厚薄，加放量大约在20～24厘米之间。女式西服的胸围的加放量大约是10～16厘米；如果西服内穿一件衬衫，加放量大约是10～12厘米；如果西服内穿羊毛衫或者毛衣，那么根据羊毛衫和毛衣的厚薄，加放量大约是14～16厘米。

（3）中腰：男士西服上衣一般不需要测量中腰。但是，如果被测人体型比较特殊，则需要测量中腰。女士西服上衣都要测量中腰。测量中腰时，可以让被测人放松腰带，用软尺水平围量一周。男士西服的中腰的加放量大约是14～20厘米；女士西服的中腰的加放量大约是10～15厘米。

（4）衣长：从后背第七颈椎点开始，往下量至臀部下沿，或者取身长的1/2作为衣长。

（5）袖长：从肩端点往下，一直量至手腕最细处后另加3厘米，或者量至虎口处减2～3厘米；被测量人如果有特殊要求，也可以根据顾客的习惯量至其所需要的长度。

（6）下摆：男士西服上衣一般不需要量下摆，但是，如果被测量人体型特殊，则需要根据情况进行测量；女士西服上衣都需要测量上摆。下摆的加放量和胸围的加放量是一样的。

（二）西裤的测量与加放

（1）裤长：从腰围最细处向上2厘米开始，一直量至鞋跟的1/2处。

（2）腰围：用软尺在腰部的最细处水平围量一周，围量时，软尺的松紧程度要合适。男士西裤的腰围的加放量通常是2～4厘米；如果西裤单穿，加放量一般是2厘米；如果西裤内还要穿毛裤，那么根据毛裤的厚薄，加放量大约是2～4厘米。女士西裤的腰围的加放量通常是0～2厘米；如果单穿，腰围可以加放1～2厘米；如果西裤内还要穿毛裤，根据毛裤的厚薄，加放量大约是2～4厘米。

（3）臀围：用软尺在臀部最丰满处水平围量一周，围量时，软尺的松紧度要合适。男士西裤臀围的加放量通常是14～18厘米；女士西裤的臀围的加放量通常是7～13厘米；老板裤（上下一样宽窄，尤其适合臀部和大腿肥胖、小腿细的体型）的加放量通常是18～22厘米。

（4）中裆：从膝盖向上5厘米处，用软尺水平围量一周。男士裤子的中裆加放量通常是15厘米；女士裤子的中裆加放量通常是10厘米。

（5）脚口：脚口的尺寸通常在21～26厘米之间。如果有特殊要求，可以视情况而定。

（6）立裆：从腰部最细处向上2厘米处开始，一直量至大腿根；或者先量出全裆（从前腰头量到后腰头），立裆的长度大约相当于全裆的2/5。

（三）马夹的测量与加放量

（1）马夹长（前衣长）：从肩颈点开始，量到腰节以下12～15厘米处；也可以用男士西服上衣的后衣长减去10～12厘米，或者用女士西服上衣的后衣长减去12～14厘米。

（2）胸围：在胸部丰满处，用软尺水平围量一周。围量时，软尺的松紧程度要合适，软尺在胸围处能够自由转动。一般来说，男士马夹的胸围加放量大约是8～10厘米；女士马夹的胸围加放量大约是6～8厘米。

（四）女式西裙的测量与加放量

（1）裙长：裙子的长度比较灵活，可以按照被测量人的要求定。

（2）腰围：用软尺在腰部最细处水平围量一周。围量时，软尺能够自由转动。腰围通常不需要加放。

（3）臀围：用软尺沿着臀围最丰满处水平围量一周。臀围的加放量通常是6～8厘米。

（五）男士夹大衣的测量方法与加放量

（1）衣长：用软尺从后背第七颈椎点往下，一直量到膝盖下15厘米处。

（2）胸围：用软尺在衬衣外沿着胸部最丰满处水平围量一周。围量时，软尺的松紧程度要合适。胸围的加放量通常是22～25厘米。

（3）肩宽：用软尺从左肩端点一直量至右肩端点。肩宽的加放量一般是3～4厘米。

（4）袖长：从肩端点向下，一直量到虎口处。

（六）特殊体型测量和加放量

（1）如果被测人驼背，那么首先需要量准前后腰节高，量出前胸和背宽的尺寸；后衣的长度需要在标准体型的基础上加长0.8～1.5厘米。另外，在裁剪时，需要将后中下摆减掉1.5～2厘米，侧下摆则加上后中下摆减掉的长度。

（2）如果被测人挺胸，那么前胸的尺寸比后背的尺寸要稍微大一些。具体测量方法和驼背的测量方法是一样的，另外，前衣长需要在标准衣长的基础上加长1～2厘米。

（3）如果被测人的腹部大，那么在测量上衣时，最好专测腹围、臀围和前后身衣长；测量裤子时，要放开腰带测量腰围，同时测量前后立裆，前立裆要稍微增长一点，后立裆要稍微缩短一点，裁剪时需要加长后立裆。

（4）胸高臀围小的体型（净胸围比净中腰大12厘米以上；净胸围比净臀围大4厘米以上），如果按正常体型加放，那么衣服的前片有可能会出现短翘、后片下摆大撅起来的情况。所以，对于这类体型，胸围的加放量一般要比正常体型的加放量小2～3厘米，前衣长要加长1～1.5厘米，而女装的胸围一般要加放8～10厘米，中腰的加放量大约是13厘米，下摆的加放量大约是13～16厘米。

（5）胸围小臀围大的体型（胸围比臀围小5厘米以上），如果按照正常的体型进行加放，就有可能会出现前胸横向起皱、下摆扣不上扣子的情况，这种情况尤其以中老年女性居多。所以，对于这类体型，胸围通常要比正常加放大2～3厘米，下摆一般要加2～3厘米；如果胸围比臀围小10厘米以上，那么，在胸围比正常标准加大2～3厘米的同时，下摆也要再加大2～4厘米。总之，胸围比臀围小得越多，那么胸围的加放量就会越多。

（6）体型矮胖的，胸围的加放量通常比正常体型少2厘米；体型瘦高的，胸围的加放量通常比正常体型多2～3厘米。

（7）如果腰小臀围大，那么腰围通常要加大2～3厘米，臀围比正常体型要多加放1～3厘米；如果腰大臀围小，那么腰围通常要减小2厘米，臀围比正常体型要多加放1～3厘米。

（8）胳膊比较粗，或者在工作生活中经常需要抬举胳膊的人士，袖肥可以稍微加大1～1.5厘米。

（9）如果男装的中腰和胸围的净尺寸相同，或者中腰尺寸比胸围尺寸大时，那么中腰通常需要加放14～16厘米，胸围需要加放20～23厘米。

（七）号型、体型代号及尺码对照表

"号"代表人体身高；"型"代表（净）围度，上装通常是指胸围，下装一般是指腰围；服装商标中的A、B一般是指体型的分类代号。

服装商标上的号型是国家通过测量、分析、取平均值计算出来的数据。号型数值通常表示该套服装适合与此号型相近的人。例如：上衣170/92A，表示该上衣适合身高168～172厘米，净胸围91～93厘米，净胸腰之差在16～12厘米之间，A体型的人；下装170/78表该下装适合身高168～172厘米，净腰围77～79厘米的人。服装体型与尺码见表1～表8。

表1　体型分类表

体型分类代号	净胸围和净腰围之差	体型
A	16～12	正常
B	11～7	偏胖
C	6～3	肥胖

表2　男夹克衫尺码对照表

号型	英文代号	适合身高	衣长
165/88A	XS（加小）	150~160	65
170/92A	S（小号）	155~165	67
175/96A	M（中号）	160~170	69
180/100A	L（大号）	165~175	71.5
185/104A	XL（加大）	170~180	74
190/108B	XXL（加加大）	175~185	76.5

表3　男士衬衫的尺码对照表

号型	尺码	身高	腰围	肩宽	胸围	衣长	袖长
165/84Y	37	165	94	44	104	78	58
165/88Y	38	165	98	45	108	78	59.5
170/92Y	39	170	102	46	112	79	59.5
175/96Y	40	175	106	47	115	79	60.5
175/100Y	41	175	110	48	118	80	60.5
180/104Y	42	180	113	49	121	81	61.5
180/108Y	43	180	116	50	124	81	61.5
185/112Y	44	185	119	51	126	82	62.5
185/116Y	45	185	122	51	128	82	62.5
185/120Y	46	185	124	52	130	83	64

表4　女式衬衫的尺码对照表

规格	尺码	肩宽	胸围	腰围	下摆围	后衣长	短袖长	短袖口	长袖长	长袖口
155/80	35	37	86	71	89	56	19.5	30	54	21
155/83	36	38	89	74	92	57	19.5	31	55	22
160/86	37	39	92	77	95	58	20	32	56	22
160/89	38	40	95	80	98	59	20	33	56	23
165/92	39	41	98	83	101	60	20.5	34	57	23
165/95	40	42	101	86	104	61	20.5	35	57	24
170/98	41	43	104	89	107	62	21	36	58	24
170/101	42	44	107	92	110	63	21	37	58	25
173/104	43	45	110	95	113	64	21.5	38	59	25

表5　连身裙的尺码对照表

号型	腰围	领围	夹围	肩宽	摆围	胸围	衣长	尺寸
155	70	67.5	40	33	83	81	79.5	S
160	74	68.5	42	34	87	85	81	M
165	78	69.5	44	35	91	89	82.5	L
170	80	70.5	46	36	95	93	84	XL

表6　半身裙的尺码对照表

号型	腰围	臀围	裙长	摆围	尺寸
155	73	88	34.5	86	S
160	77	92	37	90	M
165	81	96	38.5	94	L
170	85	100	40	98	XL

表7　男士标准型西服尺码对照表

型号	前衣长	后衣长	胸围	腰围	下摆	肩宽	袖长
160/84	73	70	101	91	107	43.6	57.5
165/88	75	72	105	95	111	45	59
170/92	77	74	109	99	115	46.4	60.5
175/96	79	76	113	103	119	47.8	62
180/100	81	78	117	107	123	49.2	63.5
185/104	83	80	121	111	127	50.6	65
190/108	85	82	125	115	131	52	66.5

表8　裤子尺码对照表

尺码/英寸	腰围/厘米	臀围/厘米	大腿围/厘米	前裆/厘米	裤脚/宽	裤长/厘米
25	66	83	47	18	17	99
26	68	86	49	18	17.5	99
27	70	88	50	18.5	18	100
28	72	90	51	19	18	100
29	74	92	53	20	23	101
30	77	94	54	20.5	23.5	101
31	80	96	56	20.5	24	102

二、服装平面制图基本知识

（一）服装平面制图注意事项

在服装平面制图中，一定要注意规格准确、线条流畅、轮廓清晰、图纸干净。

规格准确是绘制好服装平面图的关键所在，也是服装平面制图的基础。例如，在测量和绘图时，要注意服装各部位尺寸的准确性，不要看错尺寸、公式、比例等，在计算服装各部位的数据时务必要准确。

在绘制线条时，线与线相交处的棱角一定要清楚，尤其画直线和弧线相接，或者画弧线和弧线相接时，线条一定要保持顺畅，接线处要显得圆滑，没有痕迹。

在服装平面结构图中，轮廓是主线，一般要用粗线条表示。而辅助线通常是为轮廓线服务的，是对轮廓线的补充说明，所以通常都用细线条，主次不能颠倒，只有这样，服装平面结构图才能轮廓清楚分明。

在绘图过程中，要自始至终保持图纸的干净整洁，图的布局要合理，图纸中的数字、符号、标记等一定要规范化。

（二）服装平面制图工具及应用

在服装平面制图中的常用工具有直尺、角尺、软尺、比例尺、量角器、曲线板等。

（1）直尺：直尺是服装平面制图中最常用的基本工具之一。制作直尺的材料有钢、木、竹、有机玻璃、塑料等。制作直尺所用的材料不同，直尺的用途也不尽相同。一般来说，在纸上绘制服装结构图一般都用有机玻璃尺，因为有机玻璃尺的平直度比较好，尺上的刻度清楚，在制图过程中不会遮挡住制图的线条，具有其他材料直尺在制图中不具有的优势。直尺的规格有多种，如20厘米直尺、30厘米直尺、40厘米、60厘米直尺、100厘米直尺等。其中比较常用的是40厘米直尺。直尺主要用来测量服装的规格尺寸和绘画直线，有时候，使直尺稍微弯曲，也可以用来画比较平直的弧线。

（2）角尺：角尺也是在服装平面制图中常用的基本工具之一，有三角尺和90°角尺两种。三角尺的材料通常有塑料、有机玻璃等；90°角尺的材料有塑料、有机玻璃、钢等。在平面制图中，使用角尺不但能够准确画出直角和特定角，而且可以用来绘画垂直线和平行线。

（3）软尺：软尺也称为皮尺，通常用来测量人体，或在平面制图中用来测量曲线部位的长度。

（4）比例尺：比例尺也称三棱尺，因为它的尺型通常是三棱形的。比例尺一般是木质的或者塑料的，在服装平面制图中，如果需要按一定的比例作图和测量，使用比例尺就比较方便。

（5）弯尺：在服装平面制图中，绘制摆缝、袖缝、下裆缝、侧缝等较为平直的弧线时，如果使用曲线板太小，接线不顺，可以用弯尺。当然，有的绘画基本功相当好的服装师也会用直尺。弯尺一般都是木质的。

（6）曲线板：曲线板是在服装平面制图中，用来绘制服装各部位弧线的一种专用工具。因为曲线板上的曲线是由许多曲率半径不同的圆弧组成的，它可以用来连接弧线，画出各种圆滑的曲线，所以，在绘制非圆曲线时，必须使用曲线板。使用曲线板时，要根据服装各部位弧线的曲率大小，分别选择曲线板上吻合曲线的部分，连接各点并描出曲线。曲线板通常有30厘米和15厘米两种规格。另外，曲线板大多是有机玻璃的，也有少数是塑料材质的。

（7）量角器：量角器的形状是半圆形，在圆周上刻有0°～180°的角度。有单独的量角器，也有的三角尺中带有量角器。在服装平面制图中，量角器专门用来测量和绘画一些特殊的角度，比如翻领松度、驳角、喇叭裙角度等。量角器的材质通常是有机玻璃或者透明的塑料。

（8）铅笔：在绘制服装平面结构图时，还需要使用绘图铅笔，它也是服装制图中需要的主要工具之一。一般来说，常用的服装绘图铅笔有H、HB、B三种规格。根据服装图中对线条的不同要求，使用不同规格的铅笔。

（9）橡皮：橡皮的种类非常多。不过，在绘制服装平面结构图时，一般都使用香橡皮，因为这种橡皮的去污效果比较好。

（10）擦图片：擦图片也称为擦线板，是刻有各种不同几何图形的不锈钢薄片。在需要使用橡皮擦掉绘图中的错误或者不需要的图线时，利用擦图片，能够避免将其余应该保留的图线擦掉。

（三）服装制图符号、代号及说明

详见表9。

表9　服装制图符号、代号及说明

序号	符号、代号	名称	用途说明
1	——————————	基本线（细实线）	约0.3毫米，在绘图中用它来表示服装结构的基本框架，或者用来作为尺寸线和尺寸界线，也可作为引出线
2	——————————	轮廓线（粗实线）	约0.9毫米，衣片或者部位的轮廓线，在进行裁剪时，轮廓线外必须加放做缝
3	— — — — —	重叠轮廓线（虚线）	约0.6毫米，叠面下层轮廓影示线，两片衣片重叠时，下层轮廓线用粗虚线表示
4	—·—·—·—	连折线（点划线）	或称对折线，约0.6毫米，即衣片对折的线，上下两片相连不必裁开的线，例如背中线，驳头翻折线、连挂面上的止口线等
5	←──0.8──→	剖开线	把衣片的某一部位进行分割、展开，使之达到设计要求。剖开处是净缝，分割线上方的数字是放缝，两边需要加放做缝0.8厘米
6	- - - - - - - - -	缝纫线（原型线）	可以用来作为裁剪图中的辅助线，或者作为衣片中的基本原型线；也可以用来作为缝纫中的缝纫线

序号	符号、代号	名称	用途说明
7		等分线	把一段基本线或者轮廓线等分成相等的若干小段，并用虚弧线表示，表示该段距离平均等分
8		顺风裥	即对称折倒，也就是将折裥向一个方向折倒
9	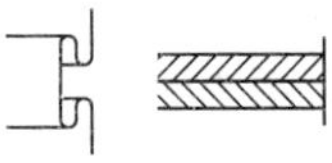	阴扑裥	即两个相连的折裥，一个朝上，一个朝下，或者一个朝左，一个朝右，形成合扑的形状，正面的称扑裥，反面的称阴裥，折裥可以不需要缝合
10		省	即根据体型隆起的部位，需要将衣片进行折叠，或者把多余的皱纹缝合起来，如胸省、肩省、袖窿省、领脚省等
11		经向	即丝缕方向，它是衣料经向（俗称直丝缕）的记号
12		顺毛方向	也称倒顺方向，表示面料的毛向，即衣料毛茸的倒顺方向
13		重叠	表示该处纸样重叠
14		垂直	表示两条线垂直相交成90º
15		纵褶	表示服装的某一部位需要吃纵或者抽进
16		拔开	表示服装中需要拔开伸长的部位
17		归缩	表示服装中需要归拢的部位
18	B.P	胸部最高点	即女性乳峰最高点，它是女式收胸省或者折裥的重要依据，可以测量或用公式进行推算
19	G	身高	
20	L	长度	
21	SL	袖长	
22	B	胸围	
23	W	腰围	
24	H	臀围	
25	N	颈围	
26	S	肩阔	
27	AH	袖窿	

（四）服装常用技术术语

（1）净缝：即将具体所得规格按比例画出的衣片轮廓线，也称净线。裁剪时，在净缝外要加放做缝和贴边量。

（2）毛缝：即将放缝、贴边量一起放在制图中，进行制图裁剪。

（3）直丝：与布边平行方向的丝缕。服装裁剪中的一般长度为直丝。

（4）横丝：与布边垂直方向的丝缕。服装裁剪中的一般围度为横丝。

（5）斜丝：与直丝和横丝都不平行或垂直的丝缕，通常与布边成45°角。伸缩性强，常用于服装滚边、装饰等部位。

（6）门幅：即面料门幅的宽度，有窄幅、中幅、宽幅之分。

（7）分幅宽：即把面料和里料按照门幅宽窄进行分类。

（8）里外匀：当衣领、袋盖、挂面等部件由面、里两片缝合时，外层面料必须均匀裹住里层夹里。这种导致部件里紧外松、呈自然卷曲状的缝制工艺称里外匀。

（9）复码：复查面料和里料每匹的长度。

（10）开刀：也称分割，是服装造型中用来达到合体和装饰目的的分割形式。

（11）育克：外来语，指衣片上端水平分割部件。也称过肩。

（12）复司：外来语，即前、后衣片分割后组合相连的形式。男衬衫的复司也称过肩。

（13）串口线：领面与驳头的交接线，即装领线，也是确定缺口位置高低的线条。

（14）领侧面：俗称领里，一般由两片斜料组成，但必须对称裁配。

（15）裆：裤子中跨越躯干的厚度，呈U形弧线状，也称上裆。根据其在裤裆中的前后、上下位置，可以分为前裆（小裆）、后裆（大裆）、横裆等。另外，裤子的中前、后裆也称前窿门、后窿门等。

（16）肩缝：在肩膀处，前衣片和后衣片相连接的部位。

（17）领嘴：从领底口末端到门里襟止口的部位。

（18）门襟：在人体中线锁扣眼的部位。

（19）里襟：钉扣的衣片。

（20）止口：或称门襟止口，即成衣门襟的外边沿。

（21）搭门：门襟与里襟叠合在一起的部位。

（22）扣眼：纽扣的眼孔。

（23）眼距：扣眼之间的距离。

（24）袖山：袖片上端呈山形弧线状，故称袖山。常用袖山深、袖山高代表袖山的长度距离。

（25）袖肥：即袖片的横向距离，例如袖肥大表示袖片横向大小内容。

（26）袖肘线：也称袖中线，即袖子肘骨部位的基本横线，有利于画顺袖子的轮廓线。

（27）克夫：外来语，指袖口的大层袖头边，标准化术语称袖头。

（28）绊钉：外来语，即用来修饰肩部的衬垫物，也称垫肩。

（29）窿门：即袖窿门，上衣中跨越臂根腋窝的厚度，呈U形弧线状。

（30）驳头川：里襟上部向外翻折的部位。

（31）平驳头：与上领片的夹角成三角形缺口的方角驳头。

（32）戗驳头：驳角向上形成尖角的驳头。

（33）胸部：前衣片前胸最丰满处。

（34）腰节：衣服腰部最细处。

（35）摆缝：袖窿下面由前后身衣片连接的合缝。

（36）底边：即下摆，指衣服下部的边沿部位。

（37）串口：指领面与驳头面的缝合线，也叫串口线。

（38）驳口：驳头翻折的部位，驳口线也称翻折线。

（39）下翻折点：指驳领下面在止口上的翻折位置，通常与第一粒纽扣位置对齐。

（40）单排扣：里襟上下方向钉一排纽扣。

（41）双排扣：在门襟与里襟上下方向各钉一排纽扣。

（42）止口圆角：门里襟下部的圆角造型。

（43）扣位：纽扣的位置。

（44）滚眼：用面料包做的嵌线扣眼。

（45）画顺：直线与弧线，弧线与弧线的连接。

（46）漂势：指中山装、西装前摆缝上端放出量，起到增强活动量等作用，也称盛势。

（47）搅盖：服装不平衡，门襟下口重叠过多状。

（48）豁开：服装不平衡，门襟下口呈敞开状。

（49）起裂：也称起链，即上下层呈链形不平服状。

三、服装面料基础知识

（一）服装材料有哪些？

所谓服装材料包括服装面料、辅料和各种包装料，即组成服装加工的各种原料的总和。

纺织纤维材料通常可以分为两大类——天然纤维和化学纤维。天然纤维直接来自于自然界，又可以分为植物纤维和动物纤维，植物纤维又可以称为纤维素纤维，动物纤维又可以称为蛋白质纤维，如棉纤维、羊毛纤维、丝纤维等；化学纤维主要是通过化学方法加工而成，可以分为人造纤维与合成纤维，人造纤维的原料主要取自于木材、甘蔗、牛奶、大豆、芦苇等天然纤维原料；而合成纤维由主要是用煤、水、石油、空气等为原料加工而成，如聚酯纤维、粘胶纤维、涤纶、棉纶等。

天然纤维的纺织面料具有手感柔软、吸湿和透气性比较好的特点，不过这种面料不容易贮藏，如果保存不当很容易被虫蛀或者发霉；而化学纤维的纺织面料虽然手感不如天然纤维那样好，吸湿性和透气性也比不上天然纤维，不过却具有弹性好、强度高、不容易发霉和被虫蛀等特点。

（二）衣料的分类

衣料根据不同的原材料，可以分为棉、麻、丝、毛等种类；根据不同的织法，可以分为针织面料、梭织面料、非织造类面料等。

针织面料是由一根或者一组纱线在针织机中，按照一定的规律形成线圈，并将线圈互串而成，具有质地柔软、吸湿透气、弹性和延伸性好等特点。针织服装穿着舒适、贴身合体、没有拘紧感，能充分展现人体的曲线美。常用的针织面料有针织平纹布、卫衣面料、打鸡布、丝光棉等。其中，针织平纹布通常用来制作夏季穿的圆领T恤；卫衣面料通常分为抓毛和不抓毛两种，抓毛类的较保暖，多用来制作冬衣；打鸡布也称罗马布，外观光滑，有一定弹性，质量较为挺括，大多用来制作裙子和外套；丝光棉光泽亮丽，手感较好，并有一定的透气性和良好的吸湿性，手感柔软。

梭织面料是采用经纬两组纱线相交织造而成，具有耐洗、抗皱、透气性好等特点，主要有平纹、斜纹、缎纹、竹节等。

非织造类面料也称无纺布或不织布，它是由定向的或者随机的纤维构成的，属于一种环保衣料，具有防潮、透气、柔韧、质轻、不助燃、容易分解、无毒、无刺激性、色彩丰富、价格便宜等特点。

（三）如何识别面料的正反？

一般来说，对于面料的正反面，可以通过手摸、眼看等方法，从以下几个方面进行识别。

（1）根据面料的花纹和颜色进行辨识。面料正面的花纹、图案和颜色看起来清楚、明艳、图纹细腻、色彩鲜活；而反面的花纹、图案和颜色看起来模糊、黯淡、图案显得粗糙、花纹缺乏层次。

（2）根据面料的毛绒进行辨识。像灯芯绒、平绒、丝光绒等面料，正面都有绒毛，反面没有绒毛，正面摸起来手感柔软，反面摸起来感觉平整；双面绒的面料，正面的绒毛显得多，而且整齐；反面的绒毛比较少。

（3）根据布边的特点进行辨识。面料正面的布边通常显得平整、挺括；而面料反面的布边往往沿着边缘向里卷曲。还有一些比较高档的服装面料，像呢料等，在布边上通常还印有字码或者其他文字，而面料正面的文字清楚、明显、干净；面料反面的文字看起来模糊，而且字是反写的。

（4）根据面料的商标和印章进行辨识。一般来说，国产内销的整匹面料都在布料的反面贴有商标、产品说明书，而且还在每匹布或每段布料的两端盖有出厂日期和检验印章。相反，外销的布料，商标和印章都盖贴在面料的正面上。

（5）根据面料的包装形式进行辨识。一般来说，整匹包装的面料，每匹布头朝外的一面是反面。如果是双幅面料，那么里面的一层是正面，外面的一层是反面。

（6）像提花、条格类的面料，一般正面的条纹、格子、提花等看起来都比反面明显、有层次，而且颜色光泽显得明亮干净均匀；而平纹、斜纹、缎纹类的面料，正面纹路看起来更明显、清晰，而且正面的布面摸起来感觉平整光洁。

另外，还有的面料，反面的花纹看起来别致，而且色彩也显得比较柔和。像这样的面料，在进行裁剪缝制的时候，也可以视具体情况，把反面作为面料的正面来使用。

（四）如何识别面料的倒顺？

不同的面料，其倒顺有不同的识别方式。

首先来看印花面料。并非所有的印花面料都有倒顺，所以，关于其倒顺主要根据面料上具体的花纹来进行识别。例如，完整的图案、树林、楼塔、车船、人像、花朵等，都不应该颠倒，不然就会影响服装的外观效果。

其次来看格子面料。一般来说，格子左右不对称的面料称为"阴阳格"，格子上下不对称的面料称为"倒顺格"。制作服装时，格子要一致，协调对称，不然的话，格子混乱就会影响服装的外观造型效果。

第三来看绒毛类面料的倒顺。像灯芯绒、金丝绒、平绒等面料的表面都有一层比较厚的绒毛，顺的颜色看起来比较浅，比较明亮有光泽，用手摸过时，感觉面料的表面平滑；而倒的颜色看起来比较深一些，光泽显得比较暗，用手摸上去时感觉较为粗糙。用绒毛类面料制作服装，务必使整件服装的面料倒顺一致，不然的话，服装的颜色在自然光下看起来就会深浅不一，光泽明暗不同，会影响服装的外观效果。另外，用绒毛类面料制作服装，最好取倒向，即使用的是闪光面料，也需要注意面料的倒顺要一致。

（五）如何鉴别衣料？

熟练掌握衣料的鉴别方法，有助于对衣料的选购。尤其在大批量购进面料或服装时，能对产品的质量等作出及时准确的判断。一般来说，鉴别衣料最常用的方法是感观法和燃烧法。

所谓感观法，是指在选购面料时，利用鼻子闻一闻面料的气味，用眼睛看一看面料的光泽，以及看一看面料染色是否均匀，用耳朵听一听面料被撕裂时的声音，用手摸一摸面料是否光滑、富有弹性，等等。

所谓燃烧法，是先从衣料上抽出几根纱线，再用火点燃，仔细观察纱线燃烧时的火焰的颜色，闻纱线燃烧散发出来的气味，观察纱线燃烧后的灰烬，从而对衣料的纤维进行判断。

详见表10。

表10　衣料的鉴别方法

类别	识别方式	
	感观法	燃烧法
纯棉	光泽白净柔和；布料柔软光滑；捏紧布料然后松开，布在上会留下明显的褶皱，并且不容易恢复原状；从布边抽出几根纱线，会发现其长短不一致	靠近火时不熔不缩，遇到火迅速燃烧，火焰呈黄色，闻起来像烧纸时产生的气味，燃烧后的灰烬比较少，灰烬呈浅灰色，度且上比较细软的灰末
涤棉	有光泽，比较亮；布面平整、滑爽、弹性比较好；用手捏后松开，能迅速恢复原状，布面上没有褶皱；颜色淡雅柔和	
人造棉	光泽柔和明亮；布面平滑光洁，颜色鲜艳，弹性不好；摸起来比纯棉面料柔软；用手捏紧后松开，有明显的褶皱，而且不容易恢复原状；遇料遇到水后发硬而且厚度增加	
维棉	色泽比较黯淡，颜色不鲜艳，手感柔软，布料表面光泽不均匀，下水后布料发滑	
丙棉	看起来像涤棉，但是颜色和光泽不如涤棉柔和、鲜艳，布面也不像涤棉那样光洁平整，手感不柔和，摸起来感觉粗糙；弹性好，用手捏紧后松开，褶皱不明显	
纯毛精纺呢绒	也称"薄料子"，如华达呢、凡立丁、哔叽呢、派力司、薄花呢、贡呢、女衣呢等。面料表面平整光洁，纹路清晰，光泽自然柔和，颜色鲜艳明亮，手感柔软，温暖而且富有弹性，不容易起褶皱；用手捏紧后松开，呢面能够迅速恢复原状	羊毛面料在靠近火时会收缩，但是不熔，遇到火后会缓慢燃烧，离开火后能够自己熄灭，闻起来像烧头发或者烧羽毛时产生的臭味，燃烧后的灰烬较多，而且灰烬呈黑而脆的小球状，用手一压就会松碎

续表

类别	识别方式	
	感观法	燃烧法
纯毛粗纺呢绒	也称"厚料子",如海军呢、大衣呢、麦尔登、法兰绒、制服呢、粗花呢等。这种呢料看起来显得厚重,表面有绒毛,摸起来手感丰满、柔软,而且有温暖的感觉;弹性极好,不容易起折皱;用手捏紧后松开,能迅速恢复原状;呢面丰满	羊毛面料在靠近火时会收缩,但是不熔,遇到火后会缓慢燃烧,离开火后能够自己熄灭,闻起来像烧头发或者烧羽毛时产生的臭味,燃烧后的灰烬较多,而且灰烬呈黑而脆的小球状,用手一压就会松碎
黏胶混纺呢绒	光泽比较暗,色泽也不像纯毛织物那样鲜亮,薄型的看起来像棉布,虽然手感柔软但是不挺括,容易起褶皱;用手捏紧后松开,恢复原状的时间比较慢	遇火会迅速燃烧,火焰呈黄色,闻起来像烧纸时产生的气味,燃烧后灰烬比较少,而且灰烬呈浅灰色或者灰白色
涤纯混纺呢绒	如涤毛或毛涤华达呢、派力司、花呢等,光泽比较明亮,但是摸起来感感不像纯毛织物那样柔和,感觉粗硬;呢面平整、光滑,纹路清晰,不容易起褶皱,弹性比较好;用手捏后松后,能够迅速恢复原状	靠近火焰时会收缩熔化,燃烧时会产生白烟,火焰呈黄色,闻起来有芳香气味,燃烧后的灰烬呈黑色或褐色小球,用手容易压碎成末
腈纶混纺呢绒	如隐条隐格的花呢类面料,其外观看起来像粘胶混纺面料,摸起来手感丰满,有温暖感,弹性比较好,毛型感比较强	靠近火焰时会收缩,遇到火会迅速燃烧,火焰呈白色而且明亮,稍微带有黑烟,闻起来有一股类似鱼腥的臭味,燃烧后的灰烬呈黑色小硬球状,用手容易压碎成末
锦纶混纺呢绒	看起来毛型感较差,表面有蜡样光泽,手感比较硬,呢面平整,用手捏紧后松开,容易产生褶皱,需要较长时间才能够恢复原状	靠近火焰时会收缩熔化,燃烧时有小液滴滴下来,火焰呈蓝色,闻起来有轻微的芹菜味道,燃烧后的灰烬呈黑褐色小球,用手不容易压碎成末
真丝绸	光泽柔和明亮,颜色鲜艳均匀,用手摸感觉轻柔光滑,并且有清凉和刺手的感觉,用手托起来能够自然悬垂;用力捏紧后松开,有褶皱但是不明显;另外,在干燥时,绸面互相摩擦会发出一种"丝鸣"声	靠近火时卷缩,但是不熔,遇到火后会缓慢燃烧,离开火能够自己熄灭,闻起来像烧头发或者烧羽毛时产生的臭味,燃烧后的灰烬呈黑褐色小球状,用手一压就会松碎
粘胶丝织物	也称"人造丝织物",看起来光泽明亮刺眼,不像真丝绸那样显得自然柔和;用手摸起来感觉光滑柔软;用手托起来不像真丝绸那样显得轻盈、飘逸;用手捏紧后松开,容易起褶皱,而且不容易恢复;沾水浸湿后容易撕裂	遇火会迅速燃烧,火焰呈黄色,闻起来像烧纸时产生的气味,燃烧后灰烬比较少,而且灰烬呈浅灰色或者灰白色
涤纶长丝织物	表面有光泽,而且明亮刺眼,看起来色泽均匀,摸起来手感光滑、弹性好;用手捏紧后松开,不容易起褶皱,并能够很快恢复平整;用水浸湿后,不容易撕裂	靠近火焰时会收缩熔化,燃烧时会产生白烟,火焰呈黄色,闻起来有芳香气味,燃烧后的灰烬呈黑色或褐色小球,用手容易压碎成末
锦纶长丝织物	表面光泽比较差,色泽不鲜艳,看起来比较暗淡,而且绸面好像涂了一层蜡;用手摸起来感觉比较硬,不像其他丝绸那样显得柔软,不容易起褶皱;用手捏紧后松开,需要较长时间才能够恢复原状	靠近火焰时会收缩熔化,燃烧时有小液滴滴下来,火焰呈蓝色,闻起来有轻微的芹菜味道,燃烧后的灰烬呈黑褐色小球,用手不容易压碎成末
麻类织物	如苎麻和亚麻织物,表面光泽黯淡,摸起来布面感觉粗糙,不平整,而且手感硬挺、凉爽;具有较好的吸湿性、透气性和耐磨性;容易起毛起皱,弹性不好;用手捏后松开,需要较长时间恢复原状	靠近火时不熔不缩,遇到火会迅速燃烧,火焰呈黄色,闻起来像烧纸时产生的气味,燃烧后的灰烬比少,而且灰烬呈灰白色
涤纶	这是一种应用最为广泛的化纤织物。与天然纤维相比较,涤纶的光泽不够自然柔和,摸起来手感比较硬,弹性比较好,不容易起褶皱,不过,如果褶皱形成后很难恢复	靠近火焰时会收缩熔化,燃烧时会产生白烟,火焰呈黄色,闻起来有芳香气味,燃烧后的灰烬呈黑色或褐色小球,用手容易压碎成末
锦纶	表面有光泽,看起来像涂了一层蜡,耐磨,不像涤纶那样硬挺,与其他纤维织物相比更容易变形	靠近火焰时会收缩熔化,燃烧时有小液滴滴下来,火焰呈蓝色,闻起来有轻微的芹菜味道,燃烧后的灰烬呈黑褐色小球,用手不容易压碎成末

类别	识别方式	
	感观法	燃烧法
腈纶	毛型感比较强，弹性比较好，颜色光泽显得鲜艳；用手捏紧后松开起褶皱，不容易恢复原状，容易变形	靠近火焰时会收缩，遇到火会迅速燃烧，火焰呈白色而且明亮，稍微带有黑烟，闻起来有一股类似鱼腥的臭味，燃烧后的灰烬呈黑色小硬球状，用手容易压碎成末
丙纶	外观看起来蓬松，摸起来手感轻盈柔软，不容易起褶皱	靠近火时会收缩熔化，遇到火焰后会缓慢燃烧，火焰呈蓝色，而且明亮，闻起来像烧蜡时产生的气味，燃烧后的灰烬呈硬块状，可压碎
氨纶	与其他纤维织物相比，弹性比较好；用手捏紧后松开，能马上恢复原状	靠近火时会边熔边燃，燃烧时火焰呈蓝色，离开火焰后会继续熔燃，并且会散发出一种特殊刺激性的臭味，燃烧后的灰烬呈软蓬松黑灰状

（六）常见衣料优缺点及应用

详见表11。

表11　常见衣料优缺点及应用

名称	优点	缺点	种类
纯棉	吸湿性和透气性好；柔软、舒适、保暖；色泽鲜艳，颜色丰富；耐势耐晒；不易被碱腐蚀；不容易被虫蛀	耐酸性较差，弹性较差，容易起褶皱和发霉	府绸、平布、泡泡纱、帆布、哔叽、华达呢
毛料	主要原料是羊毛，吸湿性较好，穿着柔软舒适，无潮湿感，颜色丰富，遇水不容易掉色，耐酸性较好，弹性好	耐碱性差，不宜长时间在日光下曝晒，容易发霉和被虫蛀	派力司、华达呢、法兰绒、粗花呢
丝绸	主要原料是蚕丝，舒适透气，保暖吸湿，轻盈凉爽，弹性和抗皱性都优于棉和麻，颜色丰富，遇水不容易掉色	容易发霉和被虫蛀，不耐晒	绸、纺、纱、绢、葛、锦、绫、罗、绒、绉、呢、绨、哔叽
麻料	舒适，不粘身，凉爽透气，吸湿性好，强力大，耐磨性优于棉	花色品种比较单一，与棉相比容易掉色	棉麻、毛麻、涤麻混纺
黏胶纤维	手感柔软、吸湿性好	弹性较差，容易起褶皱变形，耐酸性和耐碱性均不如棉，不能在阳光下长时间曝晒，否则容易变软变脆	人造棉、人造毛、人造丝
涤纶	弹性好，耐酸性和耐碱性较好，不容易发霉和被虫蛀，耐晒性较好，手感较硬，不容易起褶皱和变形，成衣尺寸比较稳定，而且缩水率小，容易洗涤，干得快	吸湿性差，不透气，容易起球，容易脏	涤纶与棉、毛、丝、麻等的混纺面料
腈纶	弹性好，柔软、保暖，耐晒耐热，耐酸，不易腐蚀，不易发霉和被虫蛀，不易吸水，容易洗涤，干得快	耐碱性差，遇稀碱或氨水时会发黄变色，不耐磨，穿着时不透气	毛线、毛毯、腈纶混纺呢绒
锦纶	耐磨、弹性好，吸湿性优于涤纶和腈纶；耐碱；不发霉，不怕虫蛀，不腐烂	不耐浓酸，容易变形，耐热性较差，长期日晒后容易发黄，久穿后容易起毛球	

名称	优点	缺点	种类
维纶	也称"合成棉花"，吸湿性好，耐穿，透气，耐光和耐碱性较好，不容易发霉腐烂	在热水中容易变形，容易起褶皱，色泽黯淡	
丙纶	耐磨、弹性好、耐酸耐碱、不怕虫蛀，不腐烂，重量轻，结实耐穿，挺括不易变形，易洗快干	耐热性不好，不能长时间在日光下曝晒，手感不柔软，穿着时感觉不透气	

（七）常见衣料缩水率

当衣料用水浸泡，或者在洗涤和熨烫时，会产生一定的收缩，这种现象称为缩水。

面料不同，缩水性也不一样。面料缩水性的大小通常用缩水率来表示。有的衣料吸湿性强，如棉、黏胶纤维、维纶等，那么这类衣料的缩水率也会比较大；有的衣料质地稀疏，那么与质地紧密的衣料相比，其缩水率也会比较大。因此，在购买衣料的时候，必须要考虑到衣料的缩水率。缩水率大的衣料可以适当多买，并在裁剪制作前，最好先将衣料浸泡在水中进行缩水，以免在制作成衣后尺寸发生比较大的变化详见表12。

表12　常见衣料缩水率

品种	名称		缩水率/%	
			经向缩水率（长度）	纬向缩水率（门幅）
棉/维混纺织品（含维纶50%）	卡其/华达呢		5.5	2
	府绸		4.5	2
	平布		3.5	3.5
粗纺羊毛	化纤含量在40%以下		3.5	4.5
化纤混纺织品	化纤含量在40%以下		4	5
精纺毛型	含涤纶40%以下		2	1.5
化纤织品	含腈纶50%以下		3.5	3
化纤丝绸织品	醋纤维织品		5	3
	纯人造丝织品		8	3
	涤纶长丝织品		2	2
	涤、粘、绢混纺织品（涤65%、粘25%、绢10%）		3	3
精纺呢绒	纯毛或羊毛含量70%以上		3.5	3
	一般毛织品		4	3.5
粗纺呢绒	呢面或紧密的露纹织物	羊毛含量60%以上	3.5	3.5
		羊毛含量60%以下或者混纺	4	3.5
	绒面织物	羊毛含量60%以上	4.5	4.5
		羊毛含量60%以下	5	5
	松结构织物		5	5
丝绸织物	桑蚕织物（直丝织品）		5	2
	桑蚕丝与其他纤维纺织物		5	3
	皱绒品和纹纱织物		10	3
化纤及混纺织品	黏胶纤维织品		10	

品种	名称	缩水率/%	
		经向缩水率（长度）	纬向缩水率（门幅）
涤棉混纺织品	平布、细纺、府绸	1	1
	卡其、华达呢	1.5	1.2
涤粘混纺织品	含涤纶65%以上	2.5	2.5
丝光布	平布（粗支、中支、细支）	3.5	3.5
	斜纹、哗叽、贡呢	4	3
	府绸	4.5	2
	纱卡其、纱华达呢	5	2
	线卡其、线华达呢	5.5	2
平光布	平布（粗支、中支、细支）	6	2.5
	纱卡其、纱华达呢、纱斜纹	6.5	2
经防缩整理	各类印染布	1～2	1～2
色结棉布	男女线呢	8	8
	条格府绸	5	2
	被单布	9	5
	劳动布（预缩）	5	5
	二六元贡	11	5

（八）服装面料与服装设计、制作

服装面料和服装设计密不可分。不同的服装设计需要依靠不同的服装面料来实现。例如，质感厚重的面料能体现出服装稳重、豪放的风格，可以用来展现穿衣人粗犷、沉稳的性格；轻薄的面料能体现出服装的轻盈、飘逸，可以用来展现穿衣人洒脱、灵动的性格；挺括的面料能使穿衣人显得端庄、稳重；柔软的面料能让穿衣人感到舒适自如。所以，在进行服装设计时，应该将设计风格与服装面料完美地结合在一起，使其达到最佳效果。

服装在制作过程中，还要通过推、归、拔、缝制、熨烫等工艺，使服装能够具有良好的外观，更符合人体的体型。虽然服装的制作不能离开面料，但是有了好的面料并不等于就有好的服装。好服装还离不开精湛的制作工艺。因此，服装面料和服装制作的关系也非常密切。

缝制服装时，需要根据面料的厚薄、轻重来调节缝纫机线的松紧程度。如果衣料质地紧密、厚重，底线就要适当调紧，针脚也要稍微大一些；如果衣料质地轻薄，底线就要稍微松一些，避免在缝制过程中产生皱缩。

如果工艺中采用吃势，那么在缝制绱袖、前后片肩时，天然纤维面料的吃势需要稍微比合成纤维面料的吃势多一些，而质地疏松的面料也需要比质地紧密的面料吃势多一些，厚实的面料需要比轻薄的面料吃势多一些。

在对服装进行熨烫定型时，也需要考虑衣料的性能特点，并根据不同的面料选择不同的熨烫温度和喷水条件，使服装能够达到令人满意的效果。例如，涤纶面料适合用蒸汽熨烫的方法来熨烫，经过这种方式熨烫的服装，即使洗过多次，也能够保持原状；而维纶或者维纶混纺布则最好垫干布进行低温熨烫；羊毛纤维的服装适合垫湿布进行高温熨烫；丝绸面料、棉麻面料的服装的熨烫低温就可以了，温度不宜过高。另外，在熨烫时，垫布最好用稍微厚一点的原白色纯棉布。

在日常生活中，人体的肩、背、膝、臀这些部位通常活动量大，所以，这些部位通常需要面料坚固牢靠一些，不容易变形。所以，在做裤片、衣片的时候，长度一定要沿着衣料的直丝缕（经向）方向，并借助直丝缕不容易伸长变形的特点使门襟平服、后背挺括，裤线垂直。服装中的挂面、裤腰面等零部件也应该取衣料的直丝缕。而胸围、臀围等围度方向，则通常选用面料的横丝缕（纬向）。袋盖、领面等通常也用衣料的横丝缕，使服装的这些部位能够取得丰满、贴服的效果。斜丝缕的弹性和伸缩性比较好，适合用来做童装、裙子的侧缝，以及女装的嵌条、滚条等，或者用在育克、前后侧片、镶色等方向与直丝缕方向。

还需要注意的是，如果领面、袋盖用横丝缕制作，那么领里、袋盖也需要用横丝缕，这样才能使里外伸缩性一致，否则外观容易出现缩皱等现象。

（九）服装裁剪注意事项

服装裁剪是服装缝纫的基础。在裁剪时，首先需要保证裁剪出来的衣片和样板之间的差错要尽可能小。如果衣片和样板的差错超出了一定范围，做出来的衣服就会变形走样。

一般来说，批量加工的服装需要按照服装的标准尺寸和数量分床裁剪，并根据样板方向部位进行合理排料。在裁剪过程中，各层衣片之间的差错一定要符合规则。衣料裁剪的原则如下。

（1）在裁剪开始前，要做好准备工作，如辅料、画样等。铺料时，要保证每层衣料的表面平坦，不能有折皱、歪曲等现象，否则裁剪后容易使衣片变形，加大缝纫难度，影响服装效果。所以在铺料时，用力要均匀轻微，避免内应力回缩不匀起皱。如果衣料的伸缩性较大，那么在铺料后，需要先放置数小时，使之内应力回缩后再进行裁剪。另外，在铺料时，每层布料的布边要对齐，不能够参差不齐，不然容易形成短边部位裁片尺码标准变展，形成次片。布边里口处要上下规整，区别不能超过2毫米。

在铺料时，衣料还要保持同一方向。有条格、花纹等图案的衣料，在铺料过程中，更要根据样板要求对正图画。另外，在铺料时，最好用幅宽最窄的布料作为片皮，也就是根底幅宽。

（2）裁剪要按照一定的顺序进行，先横断、后直断，先外口、后里口，先零小料，后整大料，逐段开刀，逐段取料。

（3）裁剪时要注意用刀的手法。在衣片的拐角处，要以角的两头不同进刀裁剪，而不宜连续拐角裁，这样才能保证裁剪的精确性。在裁剪时，左手轻轻按压住衣料，用力宜均匀柔和，不要歪斜；右手推刀要轻松自如，快慢有序。

（4）在裁剪的过程中，要保持裁刀垂直，避免各层衣片出现差错。裁刀要锋利，裁片的边缘要光亮顺直。在打刀口时，定位一定要准，剪口不要超过3毫米，而且要清晰持久。另外，在裁剪的时候，裁刀的温度不宜太高，尤其是在裁剪合成纤维衣料时，因为高温容易使衣片的边际出现焦黄、粘连等现象，而且容易使刀片出现污渍。

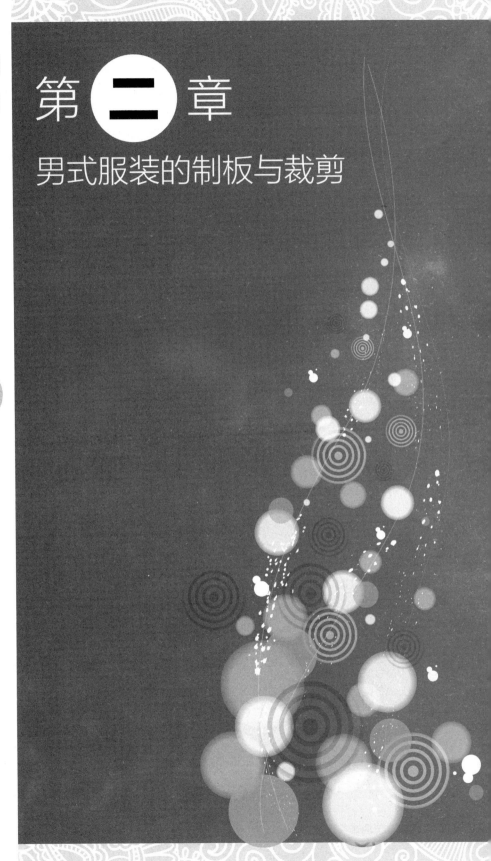

Chapter 2

第二章
男式服装的制板与裁剪

>> 男式Polo衫

Polo衫也称网球衫或马球衫、高尔夫球衫，它起源于网球运动，最早由世界著名的网球冠军里聂·拉寇斯特自创的服装品牌Lacoste推出，是一种有领运动衫。

因为在打网球挥动球拍时，上半身会不断扭转，所以，Polo衫通常后衣片长、前衣片短、下摆的两侧边各有一小截开口，而且这款服装不需要扎进裤子里。

由于这款服装穿着舒适，日益为大众喜爱，并逐渐演变成一款休闲服。在休闲服饰的历史发展中，它属于一款经典传奇。

Polo衫既不同于随意任性的无领T恤，也不同于呆板严肃的衬衫，是一款非常适合在具有商业性娱乐场合穿的服饰。

Polo衫的制作面料通常有涤棉、莱卡棉、丝光棉、双丝光棉和100%棉。

部位	衣长	腰围	胸围	肩宽
尺寸	70	92	100	44

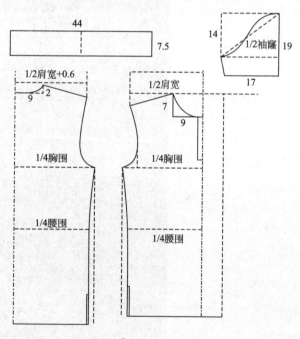

板样裁剪说明

前身

（1）前肩高：5厘米，胸围尺寸5%

（2）袖窿深：23.5厘米，胸围尺寸24%

（3）前胸围：25厘米，胸围尺寸25%

（4）领口深：10厘米

（5）领口宽：10厘米，领大20%

（6）前腰节：40厘米，总体高25%

后身

（7）后胸围：25厘米，胸围尺寸25%

（8）后肩高：5厘米，胸围尺寸5%

（9）后领口宽：10厘米，领大20%

（10）后肩宽：23厘米，肩宽尺寸50%+0.6厘米

≫ 男式翻领短袖衬衫

男式翻领短袖衬衫（Shirt）不仅可以穿在内、外上衣之间，也可以单独穿。这款服装多数采用梭织面料制作。

板样裁剪说明

前身
（1）前肩高：5厘米，胸围尺寸5%
（2）袖窿深：25厘米，胸围尺寸24%
（3）前胸围：26.5厘米，胸围尺寸25%
（4）领口深：8.5厘米
（5）领口宽：8.5厘米，领大20%
（6）前腰节：40厘米，总体高25%

后身
（7）后胸围：26.5厘米，胸围尺寸25%
（8）后肩高：5厘米，胸围尺寸5%
（9）后领口宽：8.5厘米，领大20%
（10）后肩宽：25厘米，肩宽尺寸50%+0.6厘米

部位	衣长	腰围	胸围	肩宽
尺寸	77	102	106	49

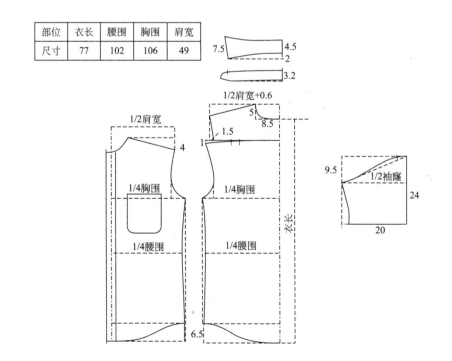

>> 男式风衣

　　顾名思义，风衣是一款具有防风防雨功能的薄型大衣，也称风雨衣，属于服饰中的一种，适合在春、秋、冬三季外出穿着，它也是近来二、三十年以来比较流行的一种服装。

　　风衣的造型通常具有灵活多变、美观实用、款式新颖、携带方便、富有魅力等特点，不仅深受中青年男女的喜爱，有的老年人也偏爱这款服装。

● 板样裁剪说明

前身
（1）前肩高：5厘米，胸围尺寸5%
（2）袖窿深：25厘米，胸围尺寸24%
（3）前胸围：27厘米，胸围尺寸25%
（4）领口深：10厘米
（5）领口宽：11厘米，领大20%
（6）前腰节：40厘米，总体高25%

后身
（7）后胸围：27厘米，胸围尺寸25%
（8）后肩高：5厘米，胸围尺寸5%
（9）后领口宽：11厘米，领大20%
（10）后肩宽：24.5厘米，肩宽尺寸50%+0.6厘米

部位	衣长	腰围	胸围	肩宽
尺寸	80	102	108	48

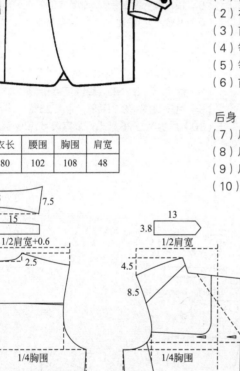

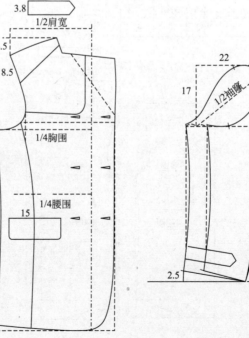

>> 男式夹克衫

夹克是英文单词Jacket的音译，这是一款衣长较短、胸围宽松、紧袖口克夫、紧下摆克夫式的上衣。夹克基本上属于拉链开襟的外套。不过，今天，也有不少人把一些衣长较短、款式较厚，可以当作外套穿的纽扣开襟衬衫称作夹克。

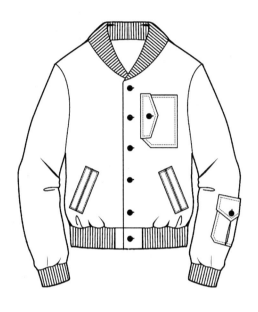

板样裁剪说明

前身

（1）前肩高：5厘米，胸围尺寸5%
（2）袖窿深：26厘米，胸围尺寸22%
（3）前胸围：29.5厘米，胸围尺寸25%
（4）领口深：11.5厘米
（5）领口宽：11厘米，领大20%
（6）前腰节：40厘米，总体高25%

后身

（7）后胸围：29.5厘米，胸围尺寸25%
（8）后肩高：5厘米，胸围尺寸5%
（9）后领口宽：11厘米，领大20%
（10）后肩宽：25.5厘米，肩宽尺寸50%+0.6厘米

部位	衣长	腰围	胸围	肩宽
尺寸	68	100	118	50

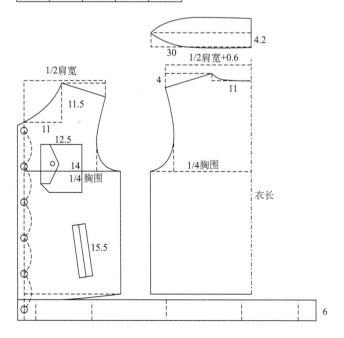

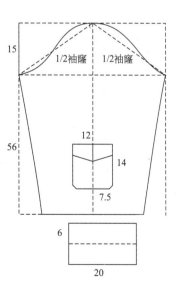

>> 男式立领长袖衬衫

与男式翻领短袖衬衫一样，男式立领长袖衬衫（Shirt）也可以穿在内、外上衣之间，或者单独穿，多数采用梭织面料制作。

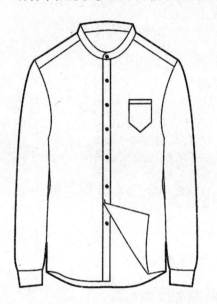

板样裁剪说明

前身

（1）前肩高：5厘米，胸围尺寸5%

（2）袖隆深：26厘米，胸围尺寸22%

（3）前胸围：26.5厘米，胸围尺寸25%

（4）领口深：8厘米

（5）领口宽：8厘米，领大20%

（6）前腰节：40厘米，总体高25%

后身

（7）后胸围：26.5厘米，胸围尺寸25%

（8）后肩高：5厘米，胸围尺寸5%

（9）后领口宽：8厘米，领大20%

（10）后肩宽：25厘米，肩宽尺寸50%+0.6厘米

部位	衣长	腰围	胸围	肩宽
尺寸	77	102	106	49

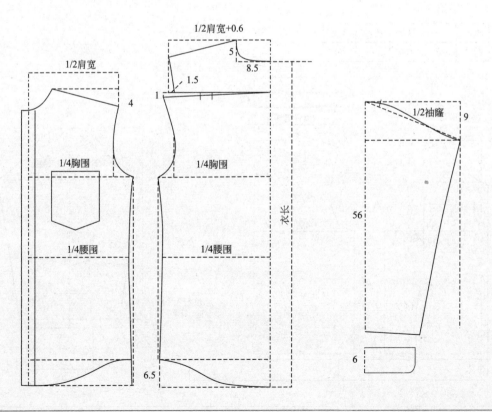

>> 男式立领中式服装

男式立领中式服装也称唐装，是由清朝中期的马褂改良而来的一种服饰，其主要特征是立领。它是从清朝中期到清朝末年，汉人在旗装马褂等服饰的基础上，通过安装立领等元素，并经过多次改良，才衍生出来的一种服饰。

板样裁剪说明

前身
（1）前肩高：5厘米，胸围尺寸5%
（2）袖隆深：25厘米，胸围尺寸24%
（3）前胸围：27.5厘米，胸围尺寸25%
（4）领口深：10.5厘米
（5）领口宽：10.5厘米，领大20%
（6）前腰节：40厘米，总体高25%

后身
（7）后胸围：27.5厘米，胸围尺寸25%
（8）后肩高：5厘米，胸围尺寸5%
（9）后领口宽：10.5厘米，领大20%
（10）后肩宽：24.5厘米，肩宽尺寸50%+0.6厘米

部位	衣长	腰围	胸围	肩宽
尺寸	75	100	110	48

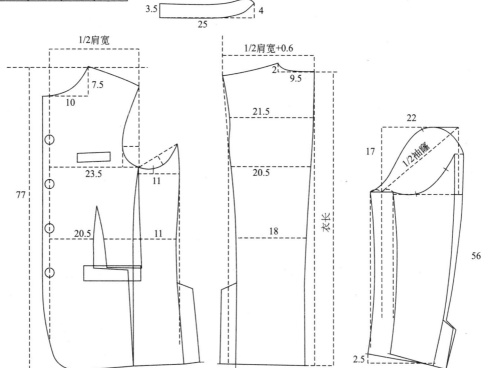

>> 男式马甲

马甲是一种没有袖子的上衣，可以穿在衬衫、打底衫的外面，外套的里面，能够起到保暖、美观的效果。

板样裁剪说明

前身
（1）前肩高：5厘米，胸围尺寸5%
（2）袖窿深：25厘米，胸围尺寸24%
（3）前胸围：25厘米，胸围尺寸25%
（4）领口深：10.5厘米
（5）领口宽：10.5厘米，领大20%
（6）前腰节：40厘米，总体高25%

后身
（7）后胸围：25厘米，胸围尺寸25%
（8）后肩高：5厘米，胸围尺寸5%
（9）后领口宽：10.5厘米，领大20%
（10）后肩宽：19.5厘米，肩宽尺寸50%+0.6厘米

部位	衣长	腰围	胸围	肩宽
尺寸	61	92	100	38

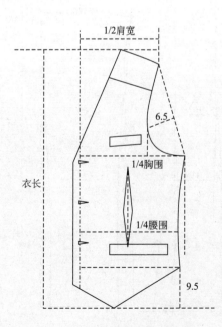

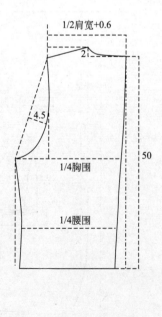

▶▶ 男式西装

　　西装也称"西服"、"洋装"。西装的主要特点是外观挺括、线条流畅、穿着舒适。若配上领带或领结后，则更显得高雅典朴。

板式裁剪说明

前身
（1）前肩高：5厘米，胸围尺寸5%
（2）袖窿深：25厘米，胸围尺寸24%
（3）前胸围：27.5厘米，胸围尺寸25%
（4）领口深：10厘米
（5）领口宽：10厘米，领大20%
（6）前腰节：40厘米，总体高25%

后身
（7）后胸围：27.5厘米，胸围尺寸25%
（8）后肩高：5厘米，胸围尺寸5%
（9）后领口宽：10.5厘米，领大20%
（10）后肩宽：24.5厘米，肩宽尺寸50%+0.6厘米

部位	衣长	腰围	胸围	肩宽
尺寸	73	100	110	48

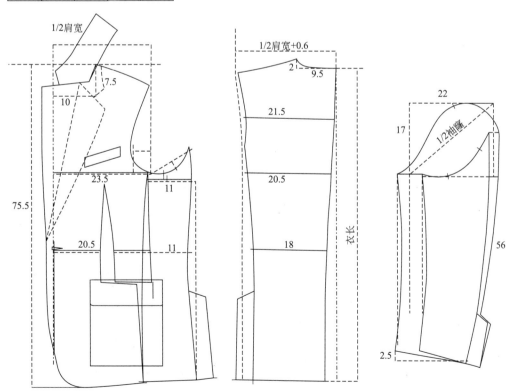

>> 男双排扣西装

板样裁剪说明

前身
（1）前肩高：5厘米，胸围尺寸5%
（2）袖隆深：26厘米，胸围尺寸22%
（3）前胸围：28.5厘米，胸围尺寸25%
（4）领口深：8.5厘米
（5）领口宽：10厘米，领大20%
（6）前腰节：40厘米，总体高25%

后身
（7）后胸围：28.5厘米，胸围尺寸25%
（8）后肩高：5厘米，胸围尺寸5%
（9）后领口宽：10厘米，领大20%
（10）后肩宽：25.5厘米，肩宽尺寸50%+0.6厘米

部位	衣长	腰围	胸围	肩宽
尺寸	78	94	110	48

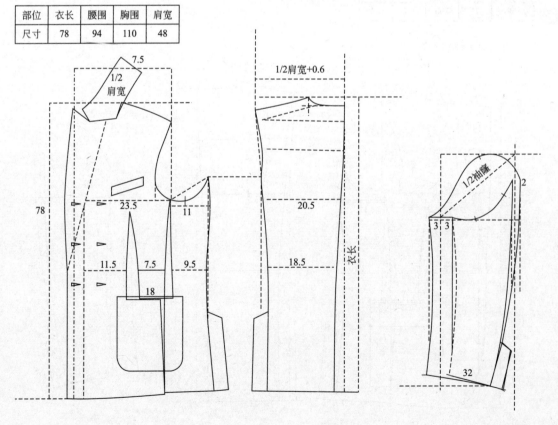

>> 男式青果领西装

板样裁剪说明

前身
（1）前肩高：5厘米
（2）袖隆深：27厘米，胸围尺寸25%
（3）前胸围：27.5厘米，胸围尺寸25%
（4）领口深：9厘米，领大尺寸20%
（5）领口宽：9厘米
（6）前腰节：43厘米，总体高25%
（7）衣长：68

后身
（8）后胸围：27.5厘米，胸围尺寸25%
（9）后肩高：5厘米，胸围尺寸5%
（10）后领口宽：9.5厘米，领大尺寸20%+0.5厘米
（11）后肩宽：25.5厘米，肩宽尺寸50%+0.5厘米

部位	衣长	腰围	胸围	肩宽
尺寸	68	106	110	50

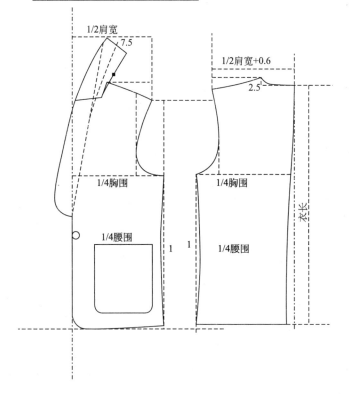

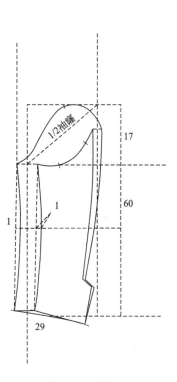

男式圆领T恤

T恤衫通常用针织面料制作，采用罗纹领或者罗纹袖、罗纹衣边，它的特点是穿着舒适透气，具有较好的吸湿排汗功能，是一款非常实用的夏季服饰。

板样裁剪说明

前身

（1）前肩高：5厘米，胸围尺寸5%

（2）袖隆深：23厘米，胸围尺寸24%

（3）前胸围：252厘米，胸围尺寸25%

（4）领口深：8厘米

（5）领口宽：9厘米，领大20%

（6）前腰节：40厘米，总体高25%

后身

（7）后胸围：25厘米，胸围尺寸25%

（8）后肩高：5厘米，胸围尺寸5%

（9）后领口宽：9厘米，领大20%

（10）后肩宽：22.5厘米，肩宽尺寸50%+0.6厘米

部位	衣长	腰围	胸围	肩宽
尺寸	68	92	100	45

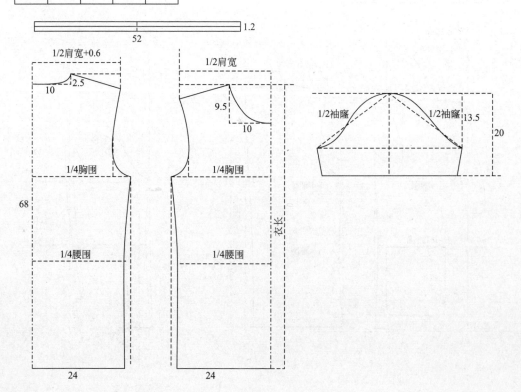

≫ 男式牛仔服

这款服装原本是美国人在开发西部、淘金热时期穿着的一种服装，是用一种比较粗厚的色织经面斜纹棉布制作的上衣。后来，通过影视宣传及名人效应，这款服装逐渐演变成为人们在日常生活中穿着的一种服装。它在20世纪70年代曾经风靡全世界，现在已经成为全球性的定型服装。

板样裁剪说明

前身

（1）前肩高：3厘米，胸围尺寸5%
（2）袖窿深：19厘米，胸围尺寸26%
（3）前胸围：17厘米，胸围尺寸25%
（4）领口深：8厘米
（5）领口宽：7.5厘米，领大20%
（6）前腰节：29厘米，总体高25%

后身

（7）后胸围：17厘米，胸围尺寸25%
（8）后肩高：3厘米，胸围尺寸5%
（9）后领口宽：7.5厘米，领大20%
（10）后肩宽：13.5厘米，肩宽尺寸50%

部位	衣长	腰围	胸围	肩宽
尺寸	68	112	114	50

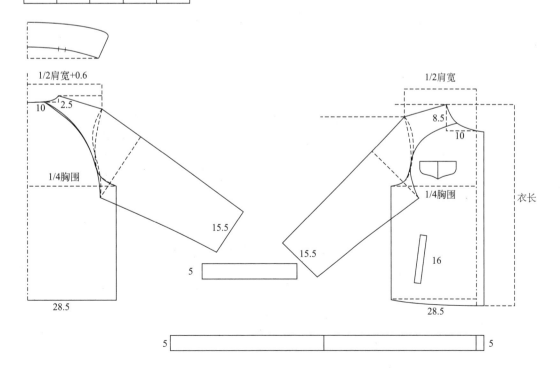

▶▶ 男式开衫

这是一种开襟的针织衫，纽扣开襟。通常采用针织面料，例如氨纶汗布、莫代尔等。

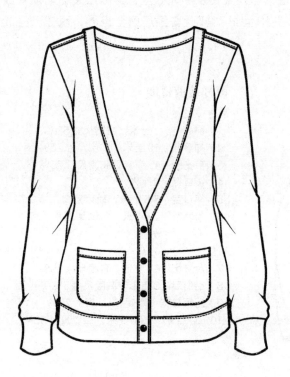

板样裁剪说明

前身
（1）前肩高：5厘米，胸围尺寸5%
（2）袖窿深：25厘米，胸围尺寸25%
（3）前胸围：28.5厘米，胸围尺寸25%
（4）领口深：38厘米
（5）领口宽：15厘米，领大20%
（6）前腰节：40厘米，总体高25%

后身
（7）后胸围：28.5厘米，胸围尺寸25%
（8）后肩高：5厘米，胸围尺寸5%
（9）后领口宽：15厘米，领大20%
（10）后肩宽：24.5厘米，肩宽尺寸50%

部位	衣长	腰围	胸围	肩宽
尺寸	66	114	114	48

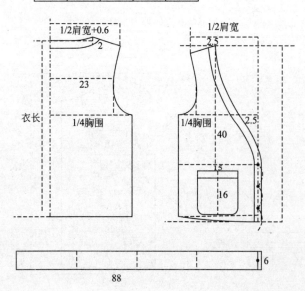

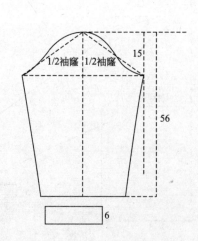

≫ 男式冲锋衣

人们在登山以及进行户外运动时穿的外衣一般选用冲锋衣、冲锋裤、风雨衣等。这类服装的主要功能是防水、防风、防撕。一般的冲锋衣都是在表面织物的里面附着了一层PU防水涂层，外加"接缝处压胶"工艺制成。

板样裁剪说明

前身

（1）前肩高：5厘米，胸围尺寸5%

（2）袖窿深：25厘米，胸围尺寸25%

（3）前胸围：28.5厘米，胸围尺寸25%

（4）领口深：8厘米

（5）领口宽：10厘米，领大20%

（6）前腰节：40厘米，总体高25%

后身

（7）后胸围：28.5厘米，胸围尺寸25%

（8）后肩高：5厘米，胸围尺寸5%

（9）后领口宽：10厘米，领大20%

（10）后肩宽：24.5厘米，肩宽尺寸50%

部位	衣长	腰围	胸围	肩宽
尺寸	69	112	114	48

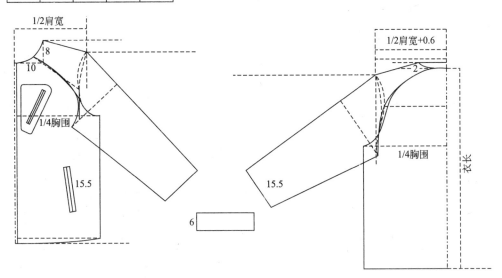

≫ 男式五分休闲裤

所谓休闲裤，顾名思义，就是指穿起来显得比较休闲、随意的裤子。广义的休闲裤，包含了一切在非正式商务、政务、公务场合穿着的裤子。

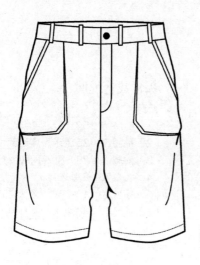

板样裁剪说明

前身

（1）前小裆宽：4.5厘米

（2）前袋口：4.5×17厘米

（3）链排宽：3.5厘米

（4）袋：14宽×22高

后身

（5）后翘高：3厘米

（6）后裆宽：9厘米

部位	衣长	腰围	坐围
尺寸	53	82	102

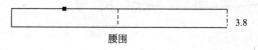

腰围

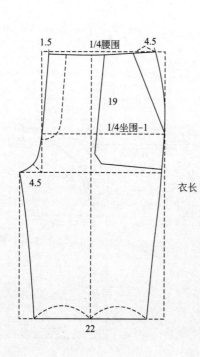

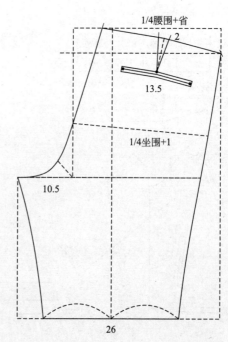

>> 男式西裤

　　西裤主要是指与西装上衣配套穿着的裤子。由于西裤主要在办公室及社交场合穿，所以不仅要求穿着舒适自然，而且在造型上也比较注意与形体的协调。在裁剪时放松量适中，给人以平和稳重的感觉。

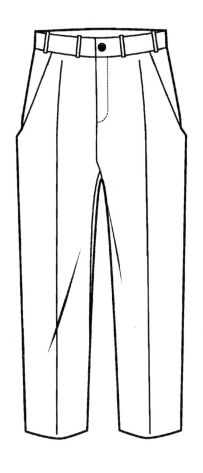

板样裁剪说明

前身

（1）前小裆宽：4.5厘米

（2）裆深：25厘米

后身

（3）后翘：3厘米

（4）后小宽：8厘米

部位	衣长	腰围	坐围
尺寸	104	70	106

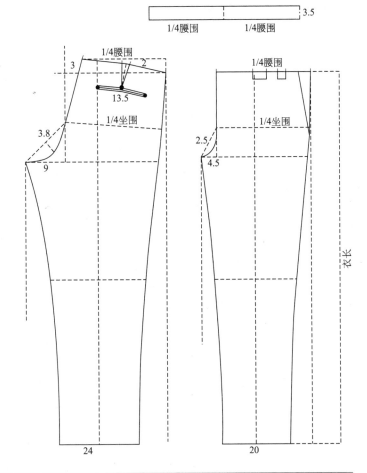

男式休闲长裤

　　休闲裤，顾名思义，就是穿起来显得比较休闲随意的裤子。广义的休闲裤，包含了一切非正式商务、政务、公务场合穿着的裤子。

板样裁剪说明

前身

（1）前坐围：25厘米，坐围尺寸25%-1厘米

（2）前小裆宽：4.5厘米，坐围尺寸4.5%

（3）前裆深：24厘米

后身

（4）后坐围：27厘米，坐围尺寸25%+1厘米

（5）后小裆宽：9厘米，坐围尺寸9%

部位	衣长	腰围	坐围
尺寸	104	80	104

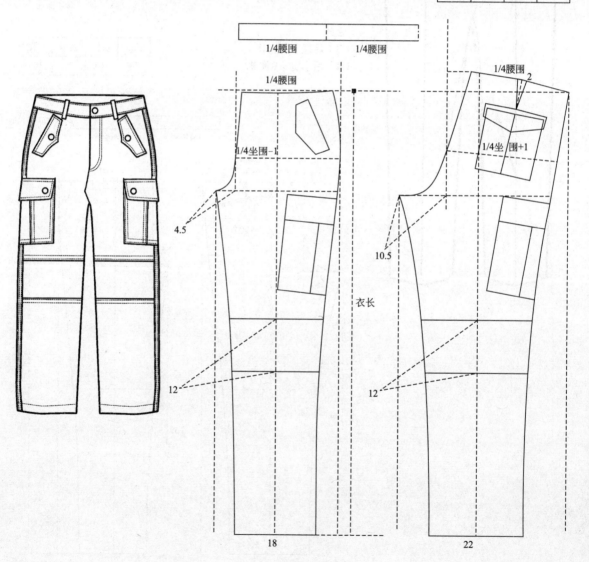

▶▶ 男式修身牛仔裤

一种男女穿用的便裤。前身裤片无裥，后身裤片无省，门里襟装拉链。常见款式：前身裤片左右各设有一只斜袋，后片有尖形贴腰的两个贴袋，袋口接缝处钉有金属铆钉并压有明线装饰。具有耐磨、耐脏，穿着贴身、舒适等特点。

板样裁剪说明

前身
（1）前坐围：24.5厘米，坐围尺寸25%−1厘米
（2）前小裆宽：4.5厘米，坐围尺寸4.5%
（3）前裆深：24厘米

后身
（4）后坐围：26.5厘米，坐围尺寸25%+1厘米
（5）后小裆宽：9厘米，坐围尺寸9%

部位	衣长	腰围	坐围
尺寸	104	80	102

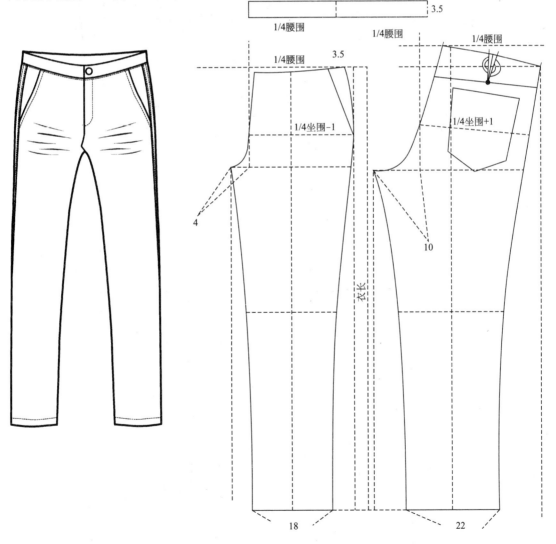

>> 男式连体裤

　　这是一款在腰部上下都能够保护人体的连衣工装裤，不仅宽松，而且有很多裤子口袋，便于收纳一些小型零部件、工具等。

板样裁剪说明

前身

（1）前肩高：5厘米，胸围尺寸5%

（2）袖窿深：25厘米，胸围尺寸25%

（3）前胸围：28.5厘米，胸围尺寸25%

（4）领口深：12厘米

（5）领口宽：11厘米，领大20%

（6）前腰节：40厘米，总体高25%

（7）前小裆宽：4.5厘米

后身

（8）后胸围：28.5厘米，胸围尺寸25%

（9）后肩高：5厘米，胸围尺寸5%

（10）后领口宽：11厘米，领大20%

（11）后肩宽：24.5厘米，肩宽尺寸50%

（12）后翘：2.5厘米

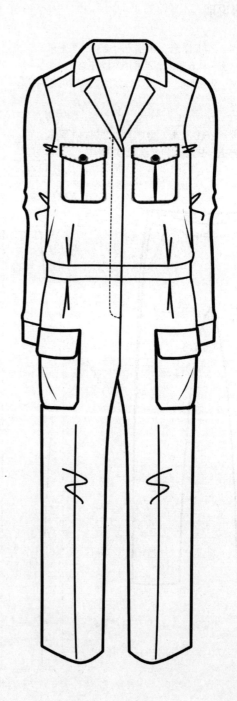

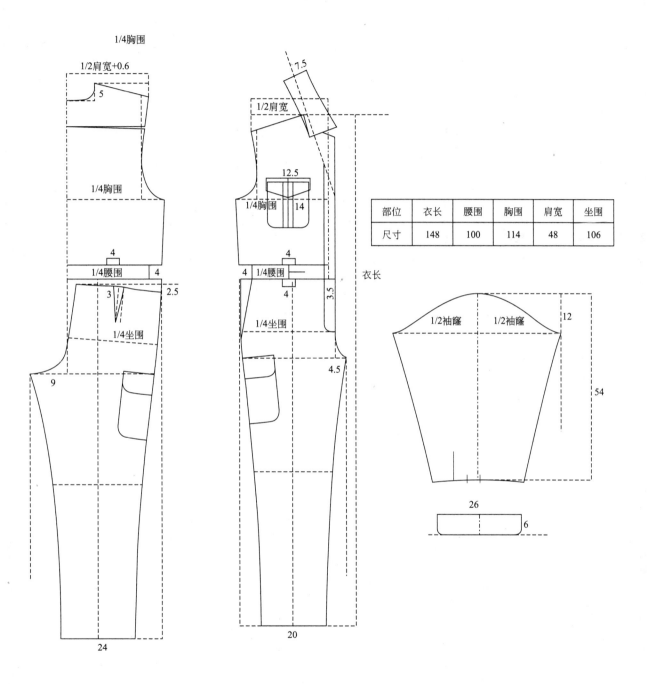

部位	衣长	腰围	胸围	肩宽	坐围
尺寸	148	100	114	48	106

1/4胸围

1/2肩宽+0.6

7.5

5

1/2肩宽

1/4胸围

12.5

14

1/4胸围

衣长

4

4

4

1/4腰围

4

1/4腰围

4

3.5

3

2.5

12

1/2袖隆   1/2袖隆

1/4坐围

1/4坐围

9

4.5

54

26

6

24

20

>> 男式运动裤

运动裤代表一种时尚，一种朝气。一般来说，运动裤要求易于排汗，舒适，无牵扯，适合剧烈的运动，整体设计以及布料都有一定的科技含量，适合于夏天穿着。运动裤的材质以尼龙、涤纶的较多。

板样裁剪说明

前身
（1）前坐围：25厘米，坐围尺寸25%-1厘米
（2）前小裆宽：4.5厘米，坐围尺寸4.5%
（3）前裆深：24厘米

后身
（4）后坐围：27厘米，坐围尺寸25%+1厘米
（5）后小裆宽：9厘米，坐围尺寸9%

部位	衣长	腰围	坐围
尺寸	104	80	110

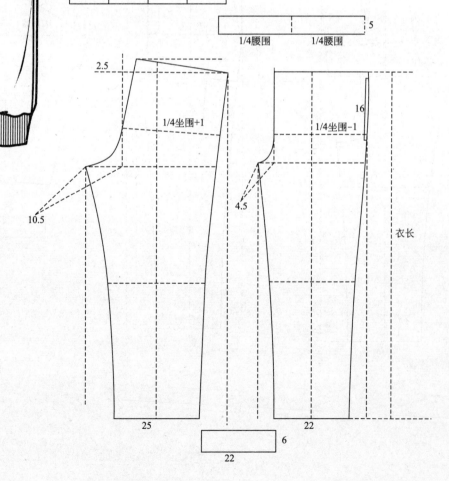

Chapter 3

第三章

女式服装的制板与裁剪

>> 女式V领T恤

和男式T恤一样，女式T恤衫通常也是采用针织面料制作，采用罗纹领或罗纹袖、罗纹衣边，具有舒适透气、吸湿排汗的特点，是一款非常实用的夏季服装。

板样裁剪说明

前身
（1）前肩高：4厘米，胸围尺寸5%
（2）袖窿深：19厘米，胸围尺寸24%
（3）前胸围：21厘米，胸围尺寸25%
（4）领口深：12.5厘米
（5）领口宽：9厘米，领大20%
（6）前腰节：38厘米，总体高25%

后身
（7）后胸围：21厘米，胸围尺寸25%
（8）后肩高：4.5厘米，胸围尺寸5%
（9）后领口宽：9厘米，领大20%
（10）后肩宽：17.5厘米，肩宽尺寸50%+0.6厘米

部位	衣长	腰围	胸围	肩宽
尺寸	58	70	84	34

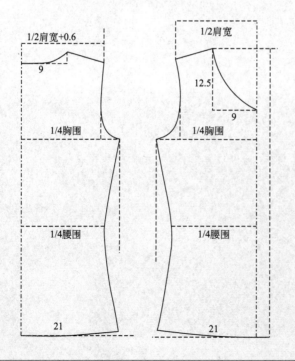

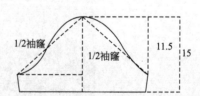

>> 女式Polo衫

板样裁剪说明

前身

（1）前肩高：4.5厘米，胸围尺寸5%

（2）袖窿深：19厘米，胸围尺寸25%

（3）前胸围：20.5厘米，胸围尺寸25%

（4）领口深：9厘米

（5）领口宽：9厘米，领大20%

（6）前腰节：38厘米，总体高25%

后身

（7）后胸围：20.5厘米，胸围尺寸25%

（8）后肩高：4.5厘米，胸围尺寸5%

（9）后领口宽：9厘米，领大20%

（10）后肩宽：16.5厘米，肩宽尺寸50%

部位	衣长	腰围	胸围	肩宽
尺寸	60	70	82	32

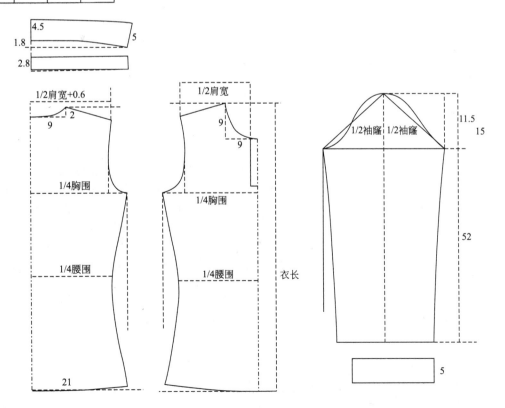

女式卫衣

卫衣来于英文Sweater，就是厚的针织运动衣服、长袖运动休闲衫。它诞生于20世纪30年代，其前身是美国纽约的冷库工作者的工装。由于它穿着舒适温暖，后来逐渐受到运动员的青睐，旋即又在橄榄球队和音乐明星中风靡一时。今天的卫衣既兼顾了时尚性和功能性，成为年轻人首选服装之一。

制作卫衣的面料通常比普通的长袖衣服要厚一些。袖口紧缩有弹性，衣服的下边和袖口的面料是一样的。

板样裁剪说明

前身
（1）前肩高：4.5厘米，胸围尺寸5%
（2）袖窿深：21厘米，胸围尺寸25%
（3）前胸围：24.5厘米，胸围尺寸25%
（4）领口深：8厘米
（5）领口宽：8厘米，领大20%
（6）前腰节：38厘米，总体高25%

后身
（7）后胸围：24.5厘米，胸围尺寸25%
（8）后肩高：4.5厘米，胸围尺寸5%
（9）后领口宽：8厘米，领大20%
（10）后肩宽：19.5厘米，肩宽尺寸50%

部位	衣长	腰围	胸围	肩宽
尺寸	66	90	98	40

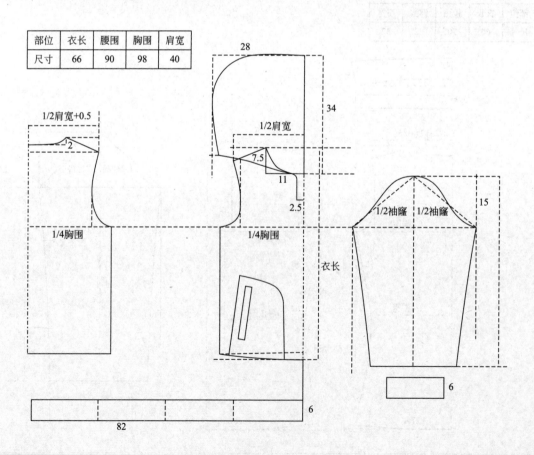

>> 女式马甲

女式马甲和男式马甲一样，是一款没有袖子的上衣，可以穿在衬衫、打底衫的外面，外套里面，起到保暖、美观的作用。

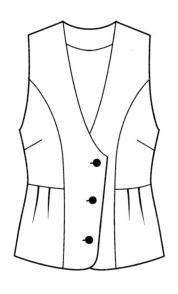

板样裁剪说明

前身
（1）前肩高：4厘米，胸围尺寸5%
（2）袖窿深：22厘米，胸围尺寸24%
（3）前胸围：22.5厘米，胸围尺寸25%
（4）领口深：28厘米
（5）领口宽：9厘米，领大20%
（6）前腰节：38厘米，总体高25%

后身
（7）后胸围：22.5厘米，胸围尺寸25%
（8）后肩高：4.5厘米，胸围尺寸5%
（9）后领口宽：9厘米，领大20%
（10）后肩宽：18.5厘米，肩宽尺寸50%+0.6厘米

部位	衣长	腰围	胸围	肩宽
尺寸	56	68	90	36

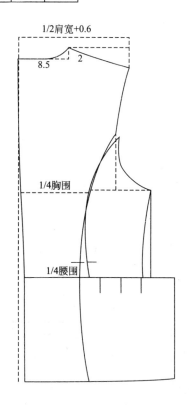

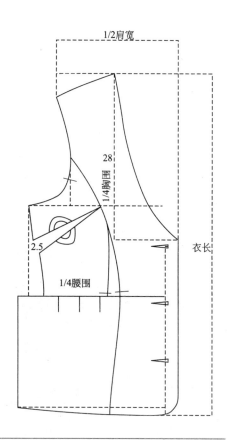

>> 女式衬衫

衬衫（Shirt）是一种穿在内、外上衣之间，或者单独穿的上衣，多数采用梭织面料制作。

板样裁剪说明

前身

（1）前肩高：4.5厘米，胸围尺寸5%

（2）袖窿深：21厘米，胸围尺寸25%

（3）前胸围：23.5厘米，胸围尺寸25%

（4）领口深：7厘米

（5）领口宽：7厘米，领大20%

（6）前腰节：38厘米，总体高25%

后身

（7）后胸围：23.5厘米，胸围尺寸25%

（8）后肩高：4.5厘米，胸围尺寸5%

（9）后领口宽：7厘米，领大20%

（10）后肩宽：19厘米，肩宽尺寸50%+0.6厘米

部位	衣长	腰围	胸围	肩宽
尺寸	63	70	94	37

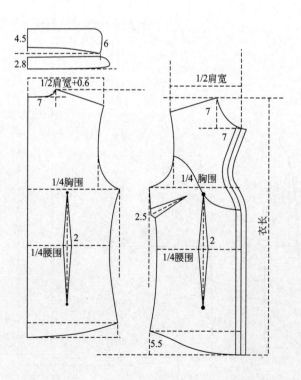

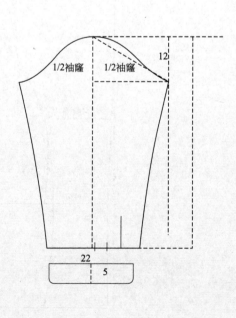

▶▶ 女式雪纺衫

　　雪纺衫是用一种很轻薄的面料——雪纺制作的衣服，这种面料质地轻薄透明，手感柔爽，富有弹性，外观清淡雅致，透气性和悬垂性都比较好，穿着既舒适又飘逸，尤其适合制作女性夏装。

板样裁剪说明

前身
（1）前肩高：4.5厘米，胸围尺寸5%
（2）袖窿深：22厘米，胸围尺寸24%
（3）前胸围：23.5厘米，胸围尺寸25%
（4）领口深：13.5厘米
（5）领口宽：11.5厘米，领大20%
（6）前腰节：38厘米，总体高25%

后身
（7）后胸围：23.5厘米，胸围尺寸25%
（8）后肩高：4.5厘米，胸围尺寸5%
（9）后领口宽：11.5厘米，领大20%
（10）后肩宽：17.5厘米，肩宽尺寸50%+0.6厘米

部位	衣长	腰围	胸围	肩宽
尺寸	61	70	94	38

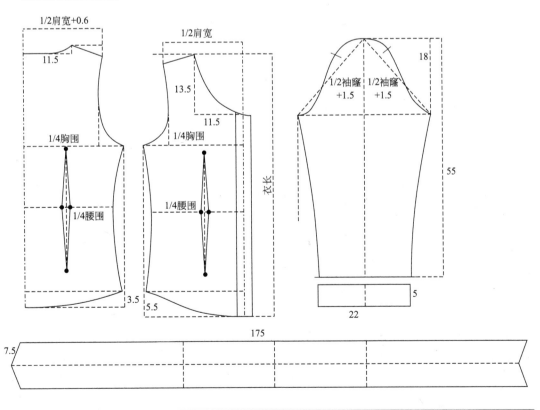

>> 女式一粒扣平驳头西装

西装又称作"西服"、"洋装"，主要特点是外观挺括、线条流畅、穿着舒适。配上领带或领结后，则更显得高雅典朴。

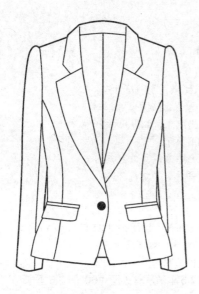

板样裁剪说明

前身

（1）前肩高：4.5厘米，胸围尺寸5%

（2）袖窿深：22厘米，胸围尺寸24%

（3）前胸围：22.5厘米，胸围尺寸25%

（4）领口深：11厘米

（5）领口宽：11厘米，领大20%

（6）前腰节：38厘米，总体高25%

后身

（7）后胸围：22.5厘米，胸围尺寸25%

（8）后肩高：4.5厘米，胸围尺寸5%

（9）后领口宽：9厘米，领大20%

（10）后肩宽：17.5厘米，肩宽尺寸50%+0.6厘米

部位	衣长	腰围	胸围	肩宽
尺寸	58	70	84	34

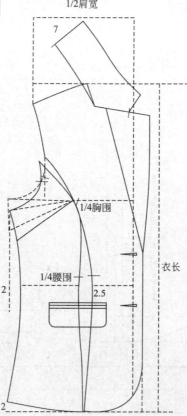

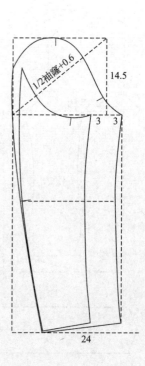

>> 女式无领西装

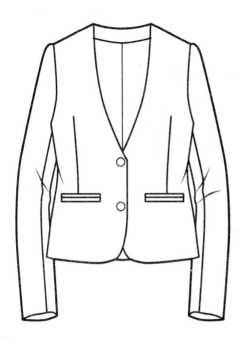

板样裁剪说明

前身

（1）前肩高：4.5厘米

（2）袖窿深：22厘米，胸围尺寸25%

（3）前胸围：22.5厘米，胸围尺寸25%

（4）领口深：28厘米，领大尺寸20%

（5）领口宽：9厘米

（6）前腰节：40厘米，总体高25%

（7）衣长：58厘米

后身

（8）后胸围：22.5厘米，胸围尺寸25%

（9）后肩高：4.5厘米，胸围尺寸5%

（10）后领口宽：9厘米，领大尺寸20%+0.5厘米

（11）后肩宽：18.5厘米，肩宽尺寸50%+0.5厘米

部位	衣长	腰围	胸围	肩宽
尺寸	58	72	90	36

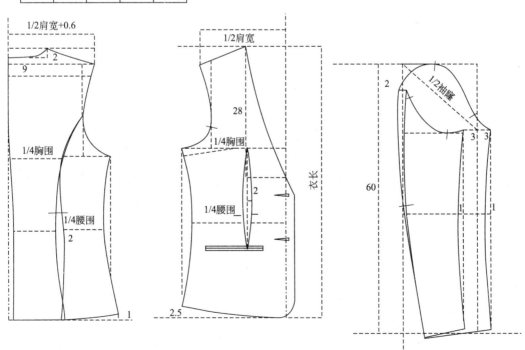

>> 女式中式服装

中式服装是由清朝中期的马褂改良而来的，主要特征是立领。

从清中期到清朝末年，汉人在旗装马褂等服饰的基础上，装上立领等元素，并经过多次改良，产生了今天的中式服装。

板样裁剪说明

前身

（1）前肩高：4.5厘米，胸围尺寸5%

（2）袖隆深：22厘米，胸围尺寸24%

（3）前胸围：22.5厘米，胸围尺寸25%

（4）领口深：17.5厘米

（5）领口宽：9厘米，领大20%

（6）前腰节：38厘米，总体高25%

后身

（7）后胸围：22.5厘米，胸围尺寸25%

（8）后肩高：4.5厘米，胸围尺寸5%

（9）后领口宽：11.5厘米，领大20%

（10）后肩宽：17.5厘米，肩宽尺寸50%+0.6厘米

部位	衣长	腰围	胸围	肩宽
尺寸	58	70	84	34

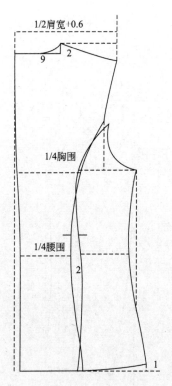

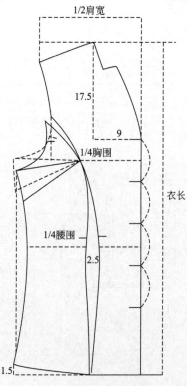

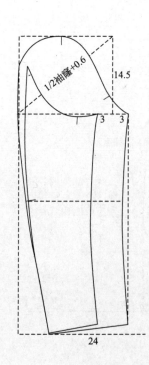

>> 女款中式斜襟衫

襟指衣服胸前的部分，斜襟是古代汉服的一种服装前门的工艺，随着现代生活节奏加快，人们更加崇尚自然，对棉麻类服饰的需要不断增大，因此古典元素服饰也开始流行起来。

板样裁剪说明

前身

（1）前肩高：4.5厘米

（2）袖窿深：25厘米，胸围尺寸25%

（3）前胸围：24厘米，胸围尺寸25%

（4）领口深：22.5厘米，领大尺寸20%

（5）领口宽：11厘米

（6）前腰节：40厘米，总体高25%

（7）衣长：70厘米

后身

（8）后胸围：24厘米，胸围尺寸25%

（9）后肩高：4.5厘米，胸围尺寸5%

（10）后领口宽：11厘米，领大尺寸20%+0.5厘米

（11）后肩宽：19.5厘米，肩宽尺寸50%+0.5厘米

部位	衣长	腰围	胸围	肩宽
尺寸	70	100	96	38

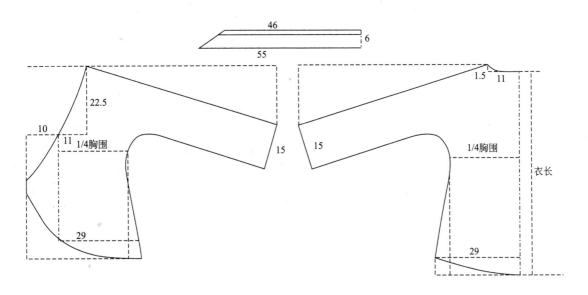

>> 女式皮夹克

　　由于动物皮的毛眼具有透气性，用它来做衣服，人就像多了一层皮肤，所以它对人类的突出贡献是防寒，而且美观、高贵、不容易脏。

　　时尚的皮夹克或帅气或典雅，与其他服饰相比，皮夹克少了几许拖沓，多了几分干练和潇洒。

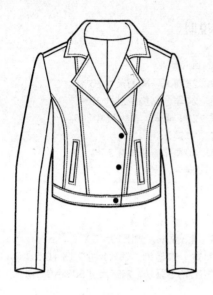

板样裁剪说明

前身
（1）前肩高：4.5厘米，胸围尺寸5%
（2）袖窿深：21厘米，胸围尺寸25%
（3）前胸围：24厘米，胸围尺寸25%
（4）领口深：7厘米
（5）领口宽：7厘米，领大20%
（6）前腰节：38厘米，总体高25%

后身
（7）后胸围：24厘米，胸围尺寸25%
（8）后肩高：4.5厘米，胸围尺寸5%
（9）后领口宽：7厘米，领大20%
（10）后肩宽：19厘米，肩宽尺寸50%+0.6厘米

部位	衣长	腰围	胸围	肩宽
尺寸	50	76	96	39

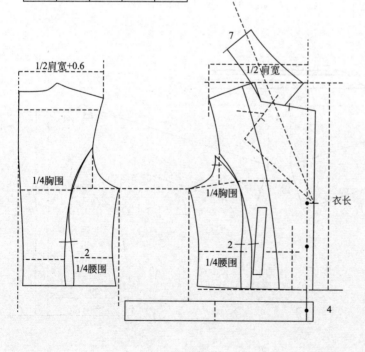

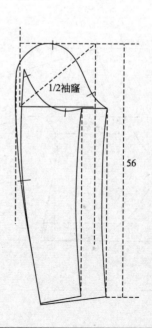

>> 女式风衣

风衣是一种具有防风雨功能的薄型大衣，又称风雨衣。

风衣适合于春、秋、冬季外出穿着，近来二三十年来比较流行。由于它的造型灵活多变、健美潇洒、美观实用、款式新颖、携带方便、富有魅力，因而深受中青年男女的喜爱，有的老年人也爱好此款服饰。

板样裁剪说明

前身
（1）前肩高：4厘米，胸围尺寸5%
（2）袖窿深：22厘米，胸围尺寸24%
（3）前胸围：23.5厘米，胸围尺寸25%
（4）领口深：12.5厘米
（5）领口宽：11厘米，领大20%
（6）前腰节：38厘米，总体高25%

后身
（7）后胸围：23.5厘米，胸围尺寸25%
（8）后肩高：4.5厘米，胸围尺寸5%
（9）后领口宽：11厘米，领大20%
（10）后肩宽：20厘米，肩宽尺寸50%+0.6厘米

部位	衣长	腰围	胸围	肩宽
尺寸	100	70	94	39

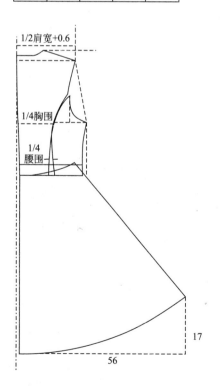

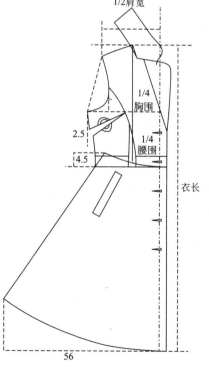

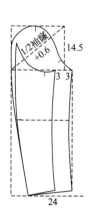

>> 女式斗篷

斗篷，披用的外衣。又名"莲蓬衣"、"一口钟"、"一裹圆"。用以防风御寒。短者曾称帔，长者又称斗篷。披风通常无袖。中国古代有虚设两袖的长披风。

板样裁剪说明

前身

（1）前肩高：3厘米

（2）领口深：6.5厘米，领大尺寸20%

（3）领口宽：7.5厘米

（4）前腰节：28厘米，总体高25%

（5）衣长：52厘米

后身

（6）后肩高：3厘米，胸围尺寸5%

（7）后领口宽：7.5厘米，领大尺寸20%+0.5厘米

（8）后肩宽：14.5厘米，肩宽尺寸50%+0.5厘米

部位	衣长
尺寸	52

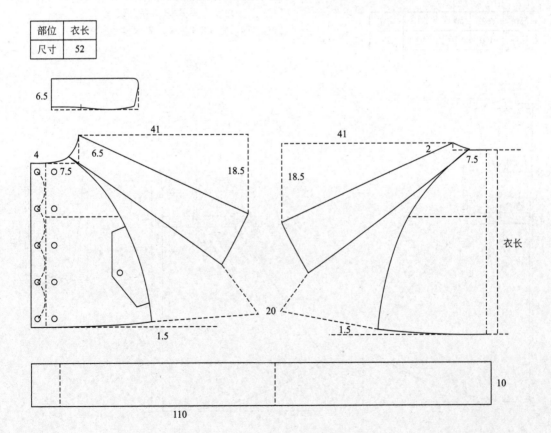

≫ 一步裙

一步裙的外观大多以修身显瘦，紧身包臀为主，被广泛用作酒店、公司和其他一些服务行业中的工作人员的工装。

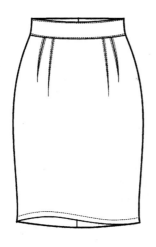

板样裁剪说明

裁剪时后裙片后中比前裙片前中下落0.5厘米

部位	衣长	腰围	坐围
尺寸	43	70	90

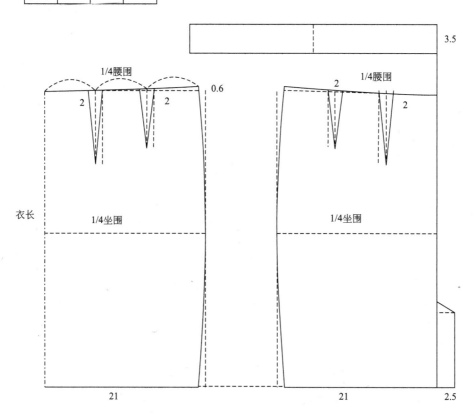

>> 裥裙

这是一种有定型裥的裙子。通常采用可塑性高的面料制作，通过加热压出裥形。

根据裥子的不同设计，可分为碎裥裙和有规则的裥裙。裥子可大可小、可多可少，可做成成对裥或顺风裥等造型。

板样裁剪说明

裁剪注意裥量

部位	衣长	腰围
尺寸	53	68

3.5

25　　　　25　　　　25　　　　25

衣长

134

▶▶ 节裙

节裙又称塔裙，是指裙体以多层次的横向裁片抽褶相连、外形如塔状一样的裙子。根据塔的层面分布，可分为规则塔裙和不规则塔裙。在不规则塔裙中，可以根据需要变化各个塔层的宽度，如宽−窄−宽、窄−宽−窄、窄−宽−更宽等组合形式。

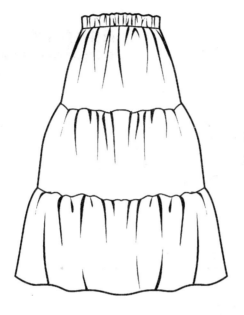

板样裁剪说明

裁剪注意褶皱量

部位	衣长	腰围
尺寸	68	70

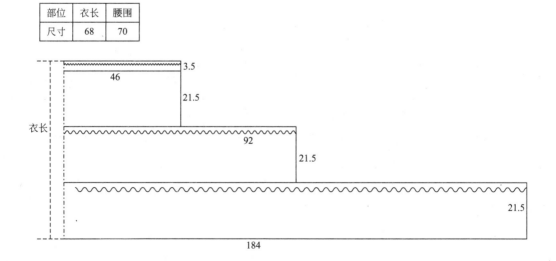

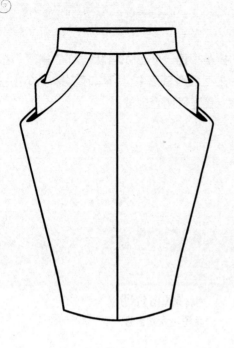

>> 垂褶裙

垂褶裙是指在裙片上面制造一些褶皱的效果，凸显出层次感的裙子。

板样裁剪说明

裁剪时注意悬垂裥的量

部位	衣长	腰围
尺寸	68	70

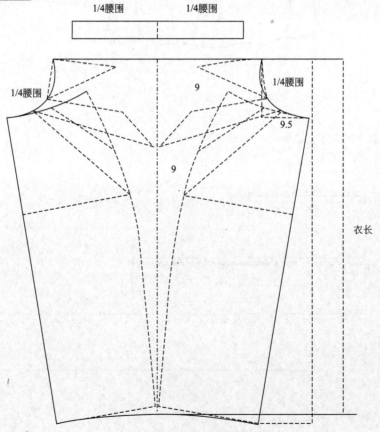

>> 无袖连腰连衣裙

连衣裙是裙子中的一类。连衣裙是一个品种的总称，是人们，特别是年轻女孩喜欢的夏装之一。是指上衣和裙子连在一起的服装。分为接腰型和连腰型，此款连衣裙为连腰型。

板样裁剪说明

前身
（1）前肩高：4.5厘米，胸围尺寸5%
（2）袖窿深：21厘米，胸围尺寸24%
（3）前胸围：22.5厘米，胸围尺寸25%
（4）领口深：10厘米
（5）领口宽：9厘米，领大20%
（6）前腰节：38厘米，总体高25%

后身
（7）后胸围：22.5厘米，胸围尺寸25%
（8）后肩高：4.5厘米，胸围尺寸5%
（9）后领口宽：9厘米，领大20%
（10）后肩宽：17.5厘米，肩宽尺寸50%+0.5厘米

部位	衣长	腰围	胸围	肩宽
尺寸	58	70	84	34

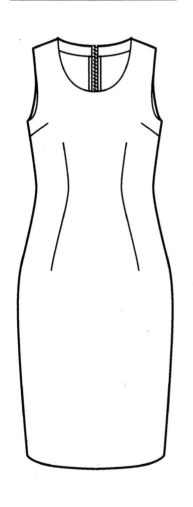

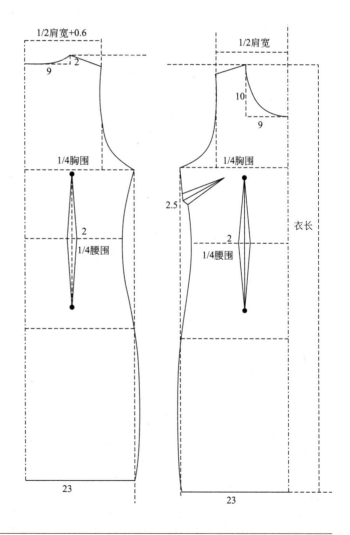

>> 接腰连衣裙

板样裁剪说明

前身

（1）前肩高：4.5厘米，胸围尺寸5%

（2）袖窿深：21厘米，胸围尺寸24%

（3）前胸围：22.5厘米，胸围尺寸25%

（4）领口深：11.5厘米

（5）领口宽：13.5厘米

（6）前腰节：38厘米，总体高25%

后身

（7）后胸围：22.5厘米，胸围尺寸25%

（8）后肩高：4.5厘米，胸围尺寸5%

（9）后领口宽：13.5厘米

（10）后肩宽：18.5厘米，肩宽尺寸50%+0.5厘米

部位	衣长	腰围	胸围	肩宽
尺寸	86	70	90	36

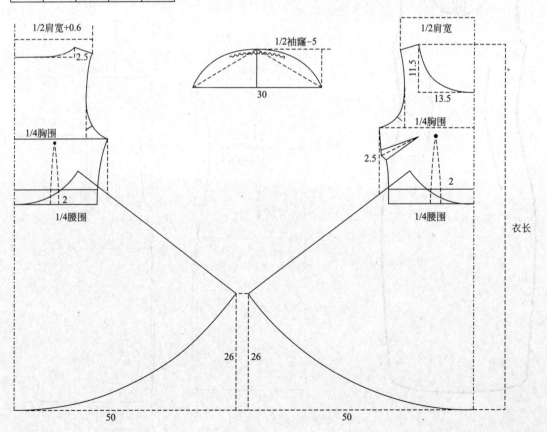

女式三分裤

顾名思义，这种裤的裤长三分，包三分露七分，裤长一般都是到大腿中部。

板样裁剪说明

前身

（1）裤前小裆宽：4厘米

（2）裆深：22厘米

（3）前袋口：3×16厘米

后身

（4）裤后小裆宽：8厘米

（5）后翘：3厘米

部位	衣长	腰围	坐围
尺寸	28	70	92

3.8

6.5

1/4腰围+省

2

3.5

1/4坐围

衣长

32

28

1/4腰围+褶

3

2.5

1/4坐围

衣长

24.5

24

>> 女式五分裤

所谓五分裤是指裤长只有长裤的一半，所以也可以称为半裤。裤长大约到膝盖部位，一般不过膝盖。

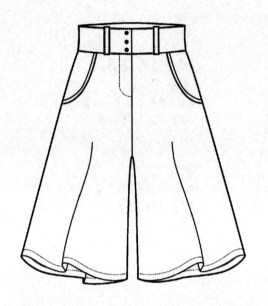

板样裁剪说明

前身

（1）裤前小裆宽：4.5厘米

（2）裆深：23厘米

（3）前袋口：6.5×12厘米

后身

（4）裤后小裆宽：8厘米

（5）后翘：3厘米

部位	衣长	腰围	臀围
尺寸	55	68	92

5.5

1/4腰围+省

2

1/4坐围+1

3.5

36

1/4腰围

6.5

1/4坐围−1

2.5

26

衣长

34

30

≫ 女式打底裤

打底裤，又称内搭裤。是为了穿短裙和超短裙防走光、修身而设计的裤子，因长度和用料不同而分很多种，可以与正装服饰不同的搭配。

板样裁剪说明

前身
（1）前坐围：20厘米，坐围尺寸25%
（2）前小裆宽：3厘米，坐围尺寸4.5%
（3）前裆深：22厘米

后身
（4）后坐围：20厘米，坐围尺寸25%

部位	衣长	腰围	坐围
尺寸	92	60	80

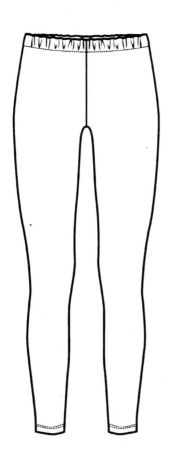

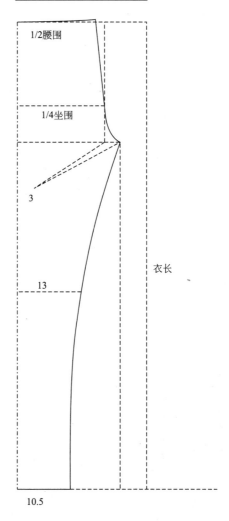

1/2腰围

1/4坐围

3

13

衣长

10.5

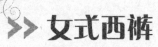

▶▶ 女式西裤

主要是指与西装上衣配套穿着的裤子。由于西裤主要在办公室及社交场合穿着，所以在要求舒适自然的前提下，在造型上比较注意与形体的协调。裁剪时放松量适中，给人以平和稳重的感觉。

板样裁剪说明

前身

（1）裤前小裆宽：4厘米

（2）裆深：22厘米

（3）前袋口：3×16厘米

后身

（4）裤后小裆宽：8厘米

（5）后翘：3厘米

部位	衣长	腰围	坐围
尺寸	97	70	92

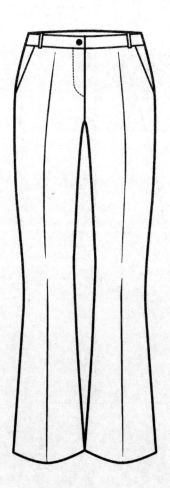

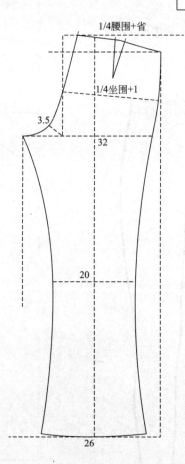

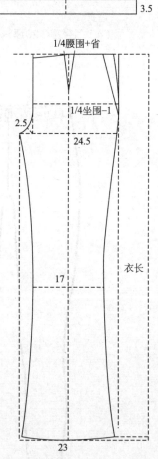

>> 女式七分运动裤

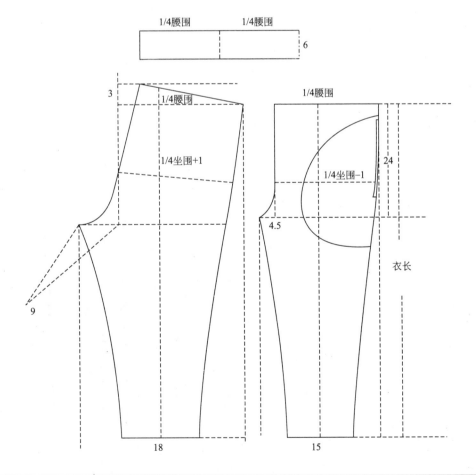

板样裁剪说明

前身

（1）前坐围：22厘米，坐围尺寸25%−1

（2）前小裆宽：4.5厘米，坐围尺寸4.5%

（3）前裆深：24厘米

后身

（4）后坐围：24厘米，坐围尺寸25%+1厘米

（5）后小裆宽：9厘米，坐围尺寸9%

部位	衣长	腰围	坐围
尺寸	75	62	92

>> 女式背带裤

这是一款比较时尚的裤子，又称"饭单裤"或"工装裤"，是在普通的长裤或短裤上面，加上护胸（俗称饭单），穿着时可以系背带，不用腰带，所以称背带裤。因为这种裤子的造型是从机工工作裤的式样变化而来，所以还称工装裤。今天，背带裤大多是作为男女童装穿着，但也有部分女青年把它作为日常便服穿着。

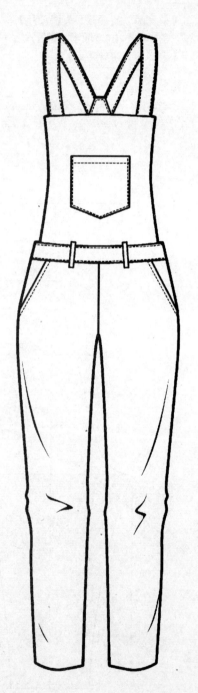

板样裁剪说明

前身

（1）前肩高：4.5厘米，胸围尺寸5%

（2）袖窿深：20厘米，胸围尺寸24%

（3）前胸围：22.5厘米，胸围尺寸25%

（4）领口深：23厘米

（5）领口宽：12.5厘米，领大20%

（6）前腰节：38厘米，总体高25%

（7）裤前小裆宽：4厘米

（8）裆深：24厘米

后身

（9）后胸围：22厘米，胸围尺寸25%

（10）后肩高：4.5厘米，胸围尺寸5%

（11）后领口宽：12.5厘米，领大20%

（12）后肩宽：17.5厘米，肩宽尺寸50%+0.6厘米

（13）裤后小裆宽：8厘米

（14）后翘：3厘米

部位	衣长	腰围	胸围	肩宽	坐围
尺寸	140	70	89	34	91

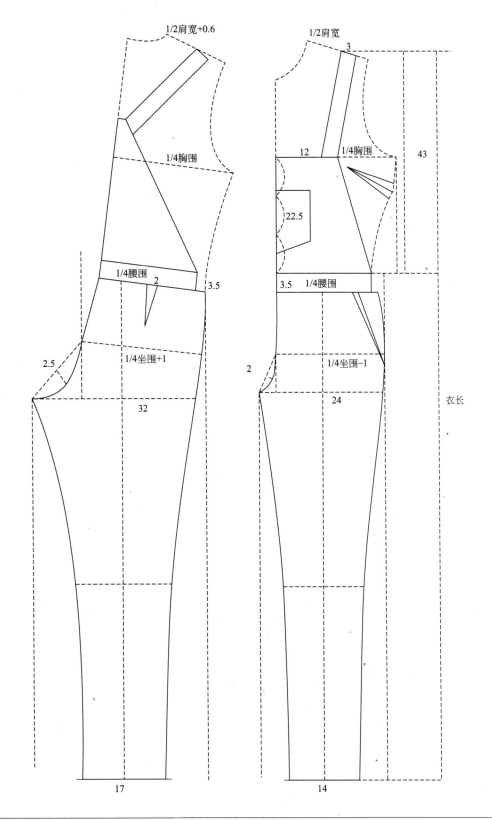

1/2肩宽+0.6

1/2肩宽

3

1/4胸围

12

1/4胸围

43

22.5

1/4腰围

2

3.5

3.5

1/4腰围

2

1/4坐围+1

1/4坐围-1

2.5

2

32

24

衣长

17

14

>> 女式连体裤

这是一款上衣与裤子连接在一起的服装。分为接腰型和连腰型两类。

板样裁剪说明

前身

（1）前肩高：4.5厘米，胸围尺寸5%

（2）袖窿深：21厘米，胸围尺寸25%

（3）前胸围：24.5厘米，胸围尺寸25%

（4）领口深：8厘米

（5）领口宽：8厘米，领大20%

（6）前腰节：38厘米，总体高25%

后身

（7）后胸围：24.5厘米，胸围尺寸25%

（8）后肩高：4.5厘米，胸围尺寸5%

（9）后领口宽：8厘米，领大20%

（10）后肩宽：19.5厘米，肩宽尺寸50%

部位	衣长	腰围	胸围	肩宽
尺寸	75	84	98	38

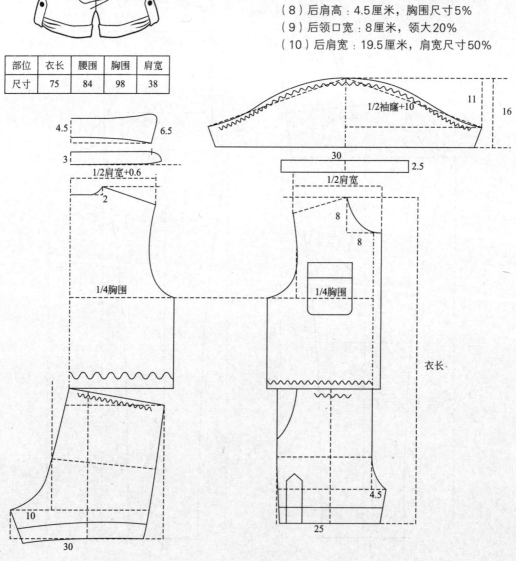

▶▶ 孕妇裤

　　加宽腰部，可以对肚子进行保护，比较适合孕期腹部膨隆的变化，穿在身上可以掩盖腹部、胸部、臀部的粗笨体形，给人以宽松自然的美感。

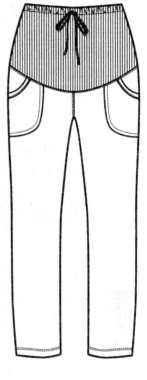

板样裁剪说明

前身
（1）前坐围：25厘米，坐围尺寸25%−1厘米
（2）前小裆宽：4.5厘米，坐围尺寸4.5%
（3）前裆深：28厘米

后身
（4）后坐围：27厘米，坐围尺寸25%+1厘米
（5）后小裆宽：9厘米，坐围尺寸9%

部位	衣长	腰围	坐围
尺寸	102	82	98

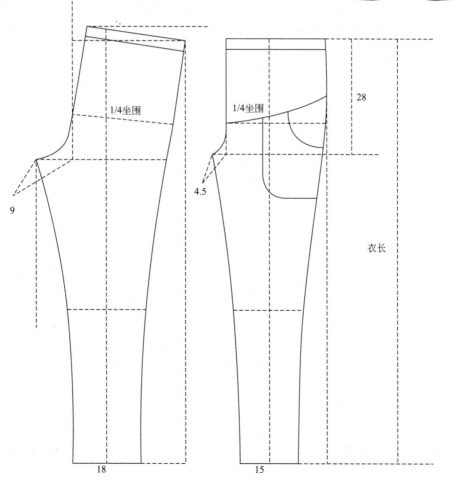

>> 孕妇上衣

孕妇装，顾名思义，是指女性在怀孕时穿的衣服。以宽大舒适、透气性良好、吸汗力强、防暑保暖与穿脱方便为原则，结合个人的喜好和穿着场合综合考虑，以全棉质地为首选，注重实用，可以兼顾哺乳。

板样裁剪说明

前身

（1）前肩高：4.5厘米，

（2）袖隆深：28厘米，胸围尺寸25%

（3）前胸围：27.5厘米，胸围尺寸25%

（4）领口深：14厘米，领大尺寸20%

（5）领口宽：12厘米

（6）前腰节：40厘米，总体高25%

（7）衣长：88厘米

后身

（8）后胸围：27.5厘米，胸围尺寸25%

（9）后肩高：4.5厘米，胸围尺寸5%

（10）后领口宽：12厘米，领大尺寸20%+0.5厘米

（11）后肩宽：21厘米，肩宽尺寸50%+0.5厘米

部位	衣长	腰围	胸围	肩宽
尺寸	88	110	110	41

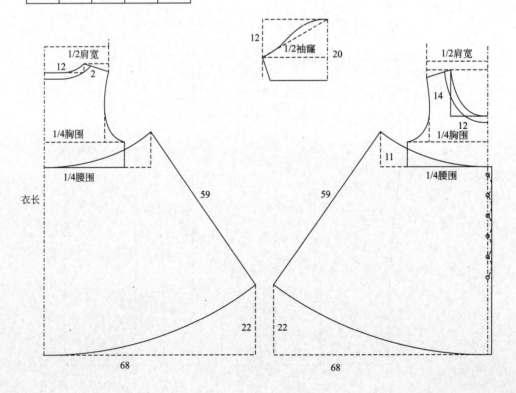

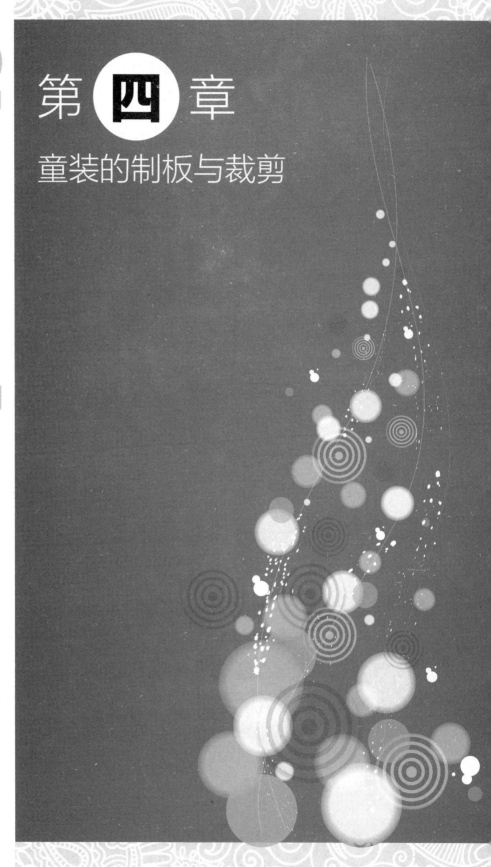

chapter 4

第四章

童装的制板与裁剪

>> 男童背心

这是一款没有袖子和衣领的衣服，夏天时穿比较凉爽，一般用纯棉制作。

板样裁剪说明

前身

（1）前肩高：3厘米，胸围尺寸5%

（2）袖窿深：19厘米，胸围尺寸22%

（3）前胸围：18厘米，胸围尺寸25%

（4）领口深：13厘米

（5）领口宽：9.5厘米，领大20%

（6）前腰节：30厘米，总体高25%

后身

（7）后胸围：18厘米，胸围尺寸25%

（8）后肩高：3厘米，胸围尺寸5%

（9）后领口宽：9.5厘米，领大20%

（10）后肩宽：24.5厘米，肩宽尺寸50%+0.6厘米

部位	衣长	腰围	胸围	肩宽
尺寸	43	72	72	34

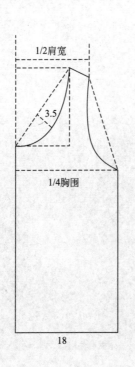

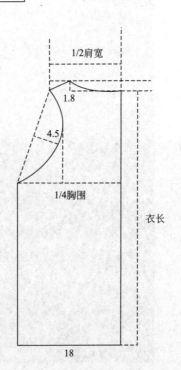

>> 男童衬衫

板样裁剪说明

前身

（1）前肩高：3厘米

（2）袖窿深：15厘米，胸围尺寸25%

（3）前胸围：21厘米，胸围尺寸25%

（4）领口深：6厘米，领大尺寸20%

（5）领口宽：6厘米

（6）前腰节：28厘米，总体高25%

（7）衣长：48厘米

后身

（8）后胸围：21厘米，胸围尺寸25%

（9）后肩高：3厘米，胸围尺寸5%

（10）后领口宽：6厘米，领大尺寸20%+0.5厘米

（11）后肩宽：14.5厘米，肩宽尺寸50%+0.5厘米

部位	衣长	腰围	胸围	肩宽
尺寸	48	82	82	28

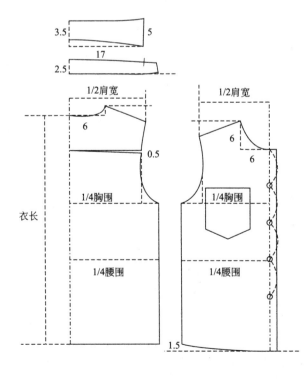

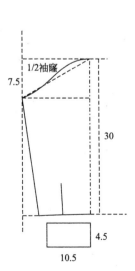

>> 女童衬衫

板样裁剪说明

前身

（1）前肩高：3厘米

（2）袖窿深：15厘米，胸围尺寸25%

（3）前胸围：17.5厘米，胸围尺寸25%

（4）领口深：8厘米，领大尺寸20%

（5）领口宽：7.5厘米

（6）前腰节：28厘米，总体高25%

（7）衣长：46厘米

后身

（8）后胸围：17.5厘米，胸围尺寸25%

（9）后肩高：3厘米，胸围尺寸5%

（10）后领口宽：7.5厘米，领大尺寸20%+0.5厘米

（11）后肩宽：14.5厘米，肩宽尺寸50%+0.5厘米

部位	衣长	胸围	肩宽
尺寸	46	70	28

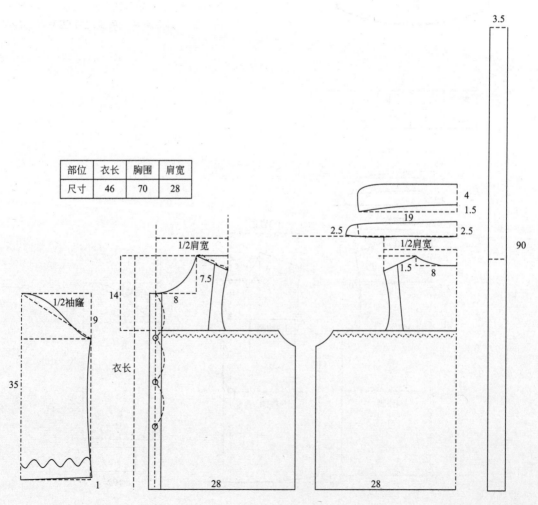

>> 女童接腰背心裙

指上半身连有无领无袖背心结构的裙装。

板样裁剪说明

前身

（1）前肩高：3厘米，胸围尺寸5%

（2）袖窿深：18厘米，胸围尺寸25%

（3）前胸围：17厘米，胸围尺寸25%

（4）领口深：12.5厘米

（5）领口宽：10厘米，领大20%

（6）前腰节：29厘米，总体高25%

后身

（7）后胸围：17厘米，胸围尺寸25%

（8）后肩高：4.5厘米，胸围尺寸5%

（9）后领口宽：10厘米，领大20%

（10）后肩宽：12.5厘米，肩宽尺寸50%

部位	衣长	腰围	胸围	肩宽
尺寸	37	68	68	25

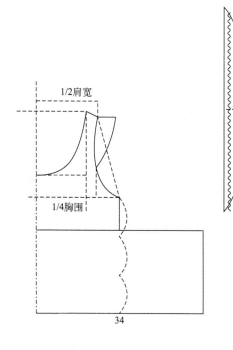

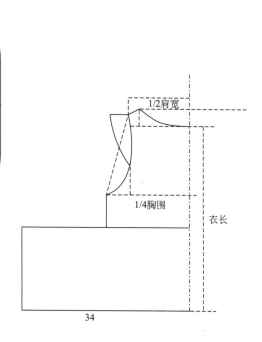

>> 男童T恤

　　T恤衫常为针织品，采用罗纹领或罗纹袖、罗纹衣边，舒适透气，吸湿排汗，是夏季非常实用的款式。儿童T恤多为纯棉制品。

板样裁剪说明

前身

（1）前肩高：3厘米，胸围尺寸5%

（2）袖窿深：15.5厘米，胸围尺寸26%

（3）前胸围：14厘米，胸围尺寸25%

（4）领口深：6厘米

（5）领口宽：7.5厘米，领大20%

（6）前腰节：29厘米，总体高25%

后身

（7）后胸围：14厘米，胸围尺寸25%

（8）后肩高：3厘米，胸围尺寸5%

（9）后领口宽：7.5厘米，领大20%

（10）后肩宽：12.5厘米，肩宽尺寸50%

部位	衣长	腰围	胸围
尺寸	31	56	56

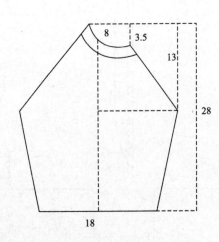

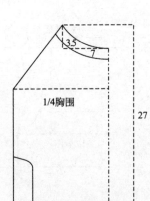

>> 童装马甲

前身

（1）前肩高：3厘米

（2）袖窿深：15厘米，胸围尺寸25%

（3）前胸围：20厘米，胸围尺寸25%

（4）领口深：6厘米，领大尺寸20%

（5）领口宽：10厘米

（6）前腰节：28厘米，总体高25%

（7）衣长：48厘米

后身

（8）后胸围：20厘米，胸围尺寸25%

（9）后肩高：3厘米，胸围尺寸5%

（10）后领口宽：10厘米，领大尺寸20%+0.5厘米

（11）后肩宽：13厘米，肩宽尺寸50%+0.5厘米

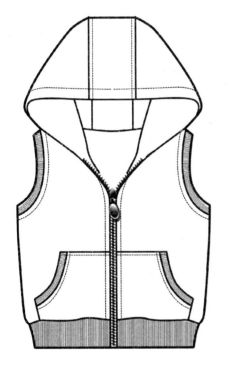

部位	衣长	腰围	胸围	肩宽
尺寸	48	80	80	25

7.5

44

21.5

28

1/2肩宽

6

10

1/2肩宽

1.6

10

1.6

1.6

1/4胸围

1/4胸围

衣长

5

>> 童装印花马甲

板样裁剪说明

前身

（1）前肩高：3厘米

（2）袖隆深：15厘米，胸围尺寸25%

（3）前胸围：19.5厘米，胸围尺寸25%

（4）领口深：16厘米，领大尺寸20%

（5）领口宽：9.5厘米

（6）前腰节：28厘米，总体高25%

（7）衣长：45厘米

后身

（8）后胸围：19.5厘米，胸围尺寸25%

（9）后肩高：3厘米，胸围尺寸5%

（10）后领口宽：9.5厘米，领大尺寸20%+0.5厘米

（11）后肩宽：15厘米，肩宽尺寸50%+0.5厘米

部位	衣长	腰围	胸围	肩宽
尺寸	45	76	78	30

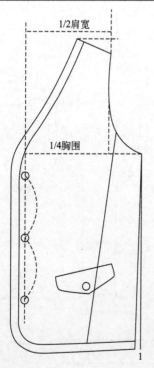

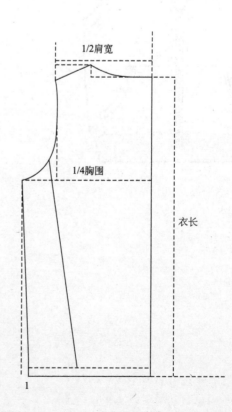

≫ 女童Polo衫

板样裁剪说明

前身

（1）前肩高：3厘米，胸围尺寸5%

（2）袖窿深：18厘米，胸围尺寸26%

（3）前胸围：16厘米，胸围尺寸25%

（4）领口深：6.5厘米

（5）领口宽：6.5厘米，领大20%

（6）前腰节：29厘米，总体高25%

后身

（7）后胸围：16厘米，胸围尺寸25%

（8）后肩高：3厘米，胸围尺寸5%

（9）后领口宽：6.5厘米，领大20%

（10）后肩宽：13.5厘米，肩宽尺寸50%

部位	衣长	腰围	胸围	肩宽
尺寸	40	64	64	27

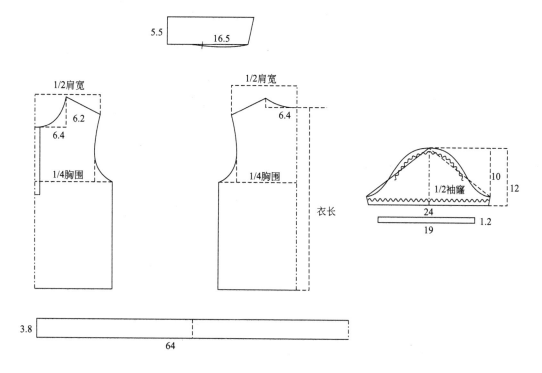

>> 女童连腰连衣裙

连衣裙是一个款式的总称，是指上衣和裙子连在一起的服装。根据穿着对象的不同，可有童式连衣裙和成人连衣裙。儿童连衣裙多用纯棉制作。

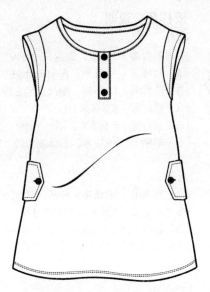

板样裁剪说明

前身
（1）前肩高：3厘米，胸围尺寸5%
（2）袖窿深：18厘米，胸围尺寸26%
（3）前胸围：14.5厘米，胸围尺寸25%
（4）领口深：5厘米
（5）领口宽：8.5厘米，领大20%
（6）前腰节：29厘米，总体高25%

后身
（7）后胸围：14.5厘米，胸围尺寸25%
（8）后肩高：3厘米，胸围尺寸5%
（9）后领口宽：6.5厘米，领大20%
（10）后肩宽：13.5厘米，肩宽尺寸50%

部位	衣长	腰围	胸围	肩宽
尺寸	46	60	58	27

3.5   1/2袖窿

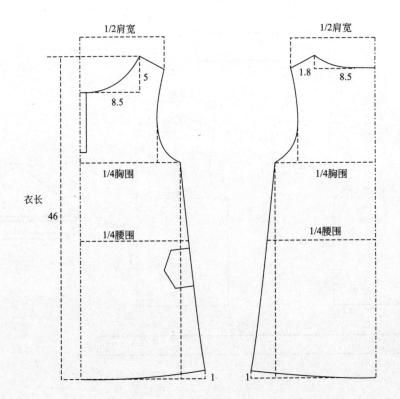

>> 女童连衣裙

这条女童连衣裙的下半身裙体采用塔裙的形式。塔裙（节裙）是指裙体以多层次的横向裁片抽褶相连，外形如塔状的裙子。

板样裁剪说明

前身

（1）前肩高：3厘米

（2）袖窿深：15厘米，胸围尺寸25%

（3）前胸围：17厘米，胸围尺寸25%

（4）领口深：12.5厘米，领大尺寸20%

（5）领口宽：9.5厘米

（6）前腰节：28厘米，总体高25%

（7）衣长：60厘米

后身

（8）后胸围：17厘米，胸围尺寸25%

（9）后肩高：3厘米，胸围尺寸5%

（10）后领口宽：9.5厘米，领大尺寸20%+0.5厘米

（11）后肩宽：13厘米，肩宽尺寸50%+0.5厘米

部位	衣长	胸围	肩宽
尺寸	60	68	25

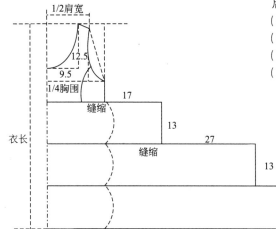

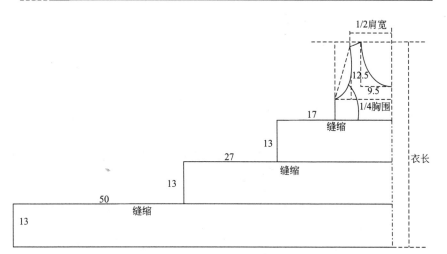

>> 无袖爬服

爬装又叫连体衣、哈衣、爬服，适合0 ~ 2岁间的婴幼儿穿着，是一种连身的衣服，面料一般用全棉汗布、摇粒绒或天鹅绒等，有长袖、短袖、无袖之分。

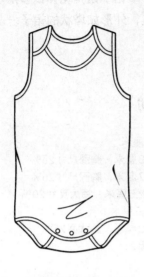

板样裁剪说明

前身
（1）前肩高：3厘米，胸围尺寸5%
（2）袖窿深：19厘米，胸围尺寸26%
（3）前胸围：17厘米，胸围尺寸25%
（4）领口深：8厘米
（5）领口宽：7.5厘米，领大20%
（6）前腰节：29厘米，总体高25%

后身
（7）后胸围：17厘米，胸围尺寸25%
（8）后肩高：3厘米，胸围尺寸5%
（9）后领口宽：7.5厘米，领大20%
（10）后肩宽：13.5厘米，肩宽尺寸50%

部位	衣长	腰围	胸围	肩宽	坐围
尺寸	54	70	68	27	72

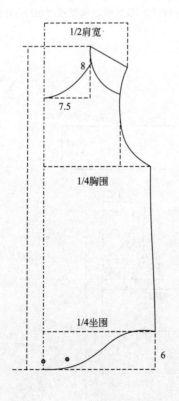

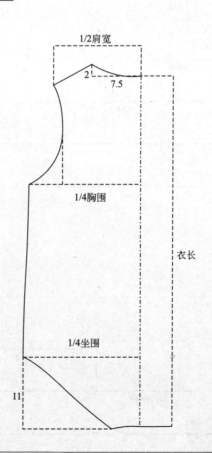

>> 长袖爬服

板样裁剪说明

前身
（1）前肩高：3厘米，胸围尺寸5%
（2）袖窿深：18.5厘米，胸围尺寸26%
（3）前胸围：17厘米，胸围尺寸25%
（4）领口深：6厘米
（5）领口宽：7.5厘米，领大20%
（6）前腰节：29厘米，总体高25%

后身
（7）后胸围：17厘米，胸围尺寸25%
（8）后肩高：3厘米，胸围尺寸5%
（9）后领口宽：7.5厘米，领大20%
（10）后肩宽：13.5厘米，肩宽尺寸50%

部位	衣长	腰围	胸围	肩宽	坐围
尺寸	62	70	68	27	72

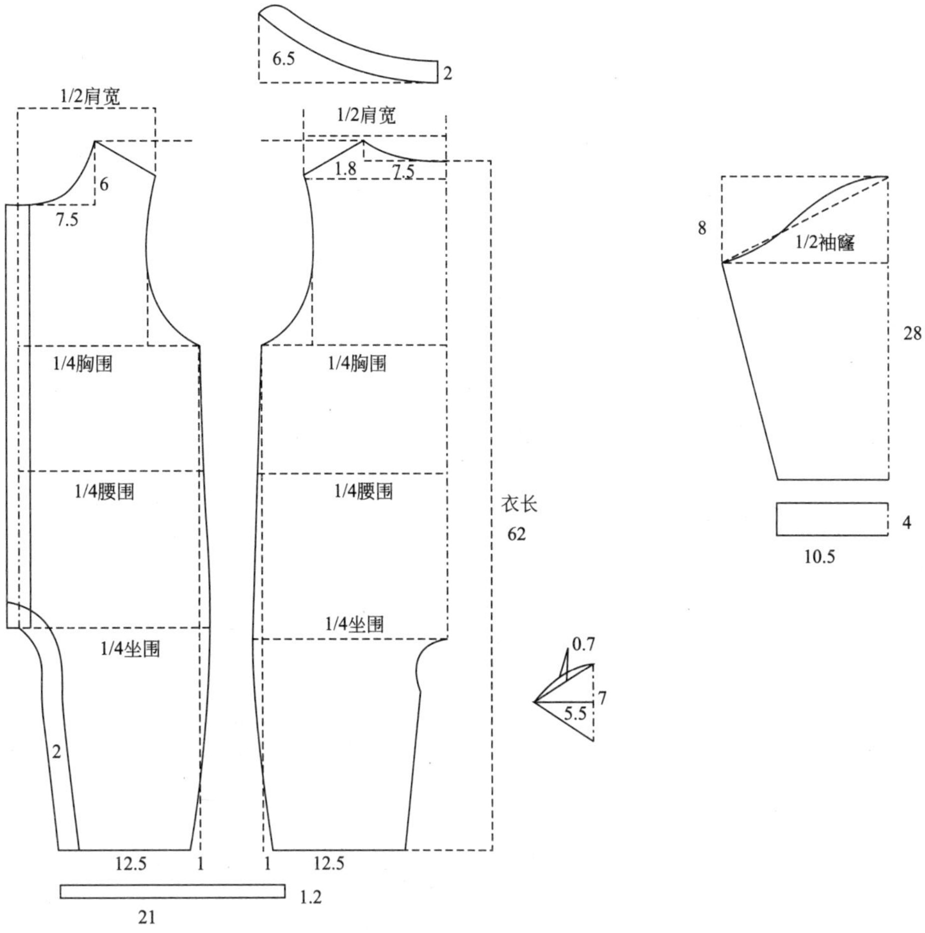

>> 女童短裤

板样裁剪说明

前身
（1）前小裆宽：3.5厘米
（2）裆深：22厘米

后身
（3）后翘：2厘米

部位	衣长	腰围	坐围
尺寸	29	56	78

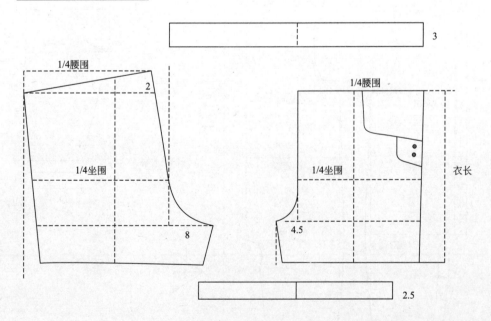

>> 儿童开裆长裤

开裆裤是幼儿穿的一种裆里有开口的裤子，与满裆裤相对应。宝宝穿开裆裤是中国人长久以来的习惯和风俗。

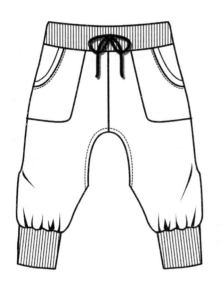

板样裁剪说明

前身
（1）前坐围：15厘米，坐围尺寸25%
（2）前袋：8.5×10.5厘米

后身
（3）后坐围：15厘米，坐围尺寸25%

部位	裤长	腰围	坐围
尺寸	38	42	60

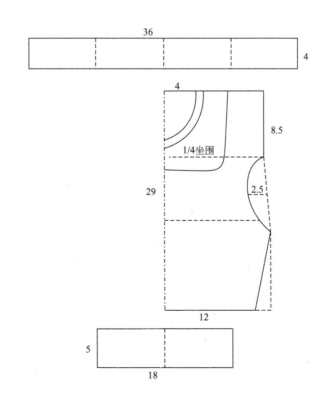

>> 儿童夹克衫

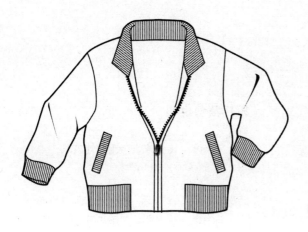

板样裁剪说明

前身
（1）前肩高：3厘米，胸围尺寸5%
（2）袖窿深：15.5厘米，胸围尺寸26%
（3）前胸围：17厘米，胸围尺寸25%
（4）领口深：5.5厘米
（5）领口宽：8厘米，领大20%
（6）前腰节：29厘米，总体高25%

后身
（7）后胸围：17厘米，胸围尺寸25%
（8）后肩高：3厘米，胸围尺寸5%
（9）后领口宽：8厘米，领大20%
（10）后肩宽：13.5厘米，肩宽尺寸50%

部位	衣长	腰围	胸围	肩宽
尺寸	43	68	68	27

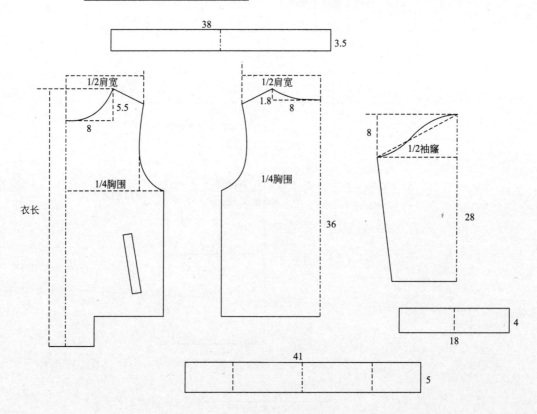

>> 女童双排扣Ａ形风衣

板样裁剪说明

前身

（1）前肩高：3厘米，胸围尺寸5%
（2）袖窿深：19厘米，胸围尺寸26%
（3）前胸围：16.5厘米，胸围尺寸25%
（4）领口深：6.5厘米
（5）领口宽：7.5厘米，领大20%
（6）前腰节：29厘米，总体高25%

后身

（7）后胸围：16.5厘米，胸围尺寸25%
（8）后肩高：3厘米，胸围尺寸5%
（9）后领口宽：7.5厘米，领大20%
（10）后肩宽：13.5厘米，肩宽尺寸50%

部位	衣长	腰围	胸围	肩宽
尺寸	42	68	66	27

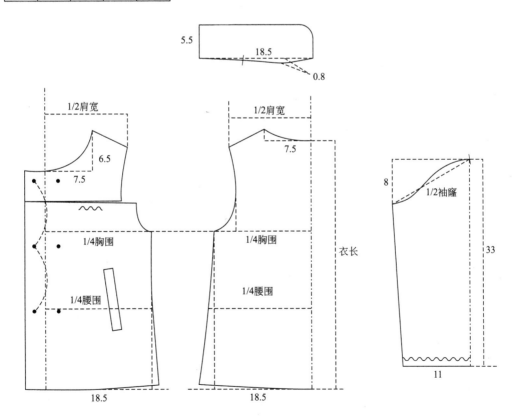

>> 男童风衣

板样裁剪说明

前身

（1）前肩高：3厘米，胸围尺寸5%
（2）袖窿深：20厘米，胸围尺寸25%
（3）前胸围：20厘米，胸围尺寸25%
（4）领口深：8厘米
（5）领口宽：8厘米，领大20%
（6）前腰节：30厘米，总体高25%

后身

（7）后胸围：20厘米，胸围尺寸25%
（8）后肩高：3厘米，胸围尺寸5%
（9）后领口宽：8厘米，领大20%
（10）后肩宽：16厘米，肩宽尺寸50%+0.6厘米

部位	衣长	腰围	胸围	肩宽
尺寸	51	80	80	32

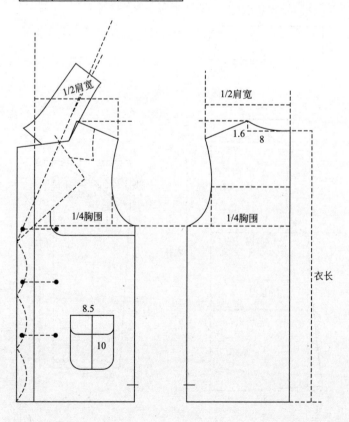

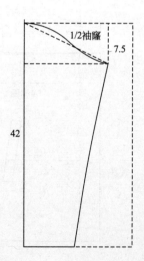

>> 女童连帽外套

外套，又称为大衣，是穿在最外的服装。外套的体积一般比较大，长衣袖，在穿着时可覆盖上身的其他衣服。外套前端有纽扣或者拉链以便穿着。

部位	衣长	腰围	胸围	肩宽	坐围
尺寸	42	70	68	27	72

板样裁剪说明

前身

（1）前肩高：3厘米，胸围尺寸5%

（2）袖窿深：18.5厘米，胸围尺寸26%

（3）前胸围：17厘米，胸围尺寸25%

（4）领口深：6厘米

（5）领口宽：7.5厘米，领大20%

（6）前腰节：29厘米，总体高25%

后身

（7）后胸围：17厘米，胸围尺寸25%

（8）后肩高：3厘米，胸围尺寸5%

（9）后领口宽：7.5厘米，领大20%

（10）后肩宽：13.5厘米，肩宽尺寸50%

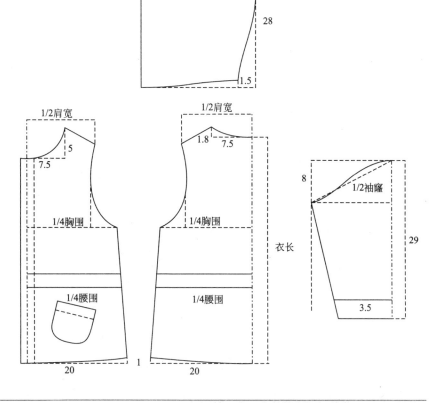

>> 童装斗篷

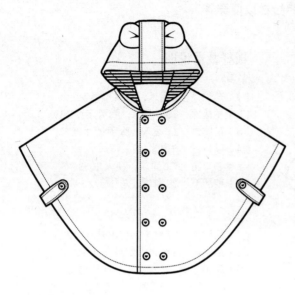

板样裁剪说明

前身
（1）前肩高：3厘米
（2）袖隆深：15厘米，胸围尺寸25%
（3）领口深：6厘米，领大尺寸20%
（4）领口宽：7.5厘米
（5）前腰节：28厘米，总体高25%
（6）衣长：42厘米

后身
（7）后肩高：3厘米，胸围尺寸5%
（8）后领口宽：7.5厘米，领大尺寸20%+0.5厘米
（9）后肩宽：14.5厘米，肩宽尺寸50%+0.5厘米

部位	衣长
尺寸	42

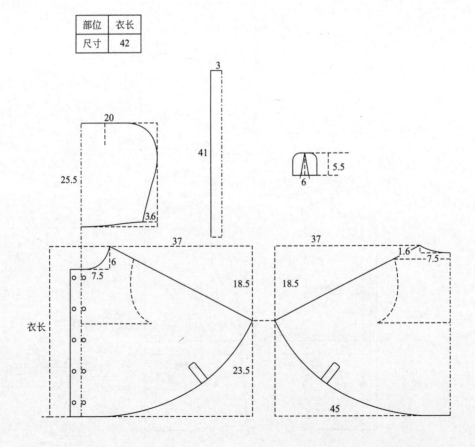

>> 童装连体裤

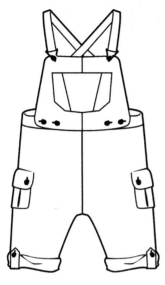

板样裁剪说明

前身

（1）前肩高：3厘米，胸围尺寸5%

（2）袖窿深：18.5厘米，胸围尺寸26%

（3）前胸围：17厘米，胸围尺寸25%

（4）领口深：6厘米

（5）领口宽：7.5厘米，领大20%

（6）前腰节：29厘米，总体高25%

（7）裤小裆宽：2.5厘米

后身

（8）后胸围：17厘米，胸围尺寸25%

（9）后肩高：3厘米，胸围尺寸5%

（10）后领口宽：7.5厘米，领大20%

（11）后肩宽：13.5厘米，肩宽尺寸50%

部位	衣长	腰围	胸围	肩宽	坐围
尺寸	63	70	68	27	70

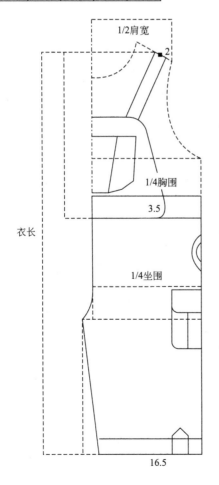

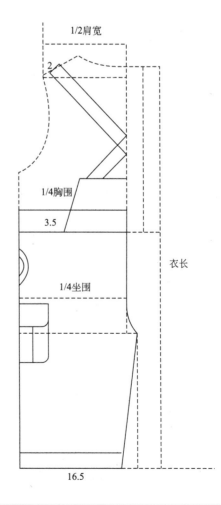

>> 男童休闲裤

版型宽松，穿着起来比较休闲随意，不会束缚儿童的活动，是童装中常见的裤型。多采用亚麻、牛仔、棉布等面料来制作。

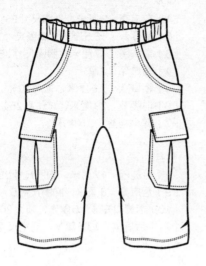

板样裁剪说明

前身

（1）前小裆宽：3厘米

（2）裆深：22厘米

后身

（3）后翘：2厘米

（4）后小宽：5厘米

部位	衣长	腰围	坐围
尺寸	64	56	78

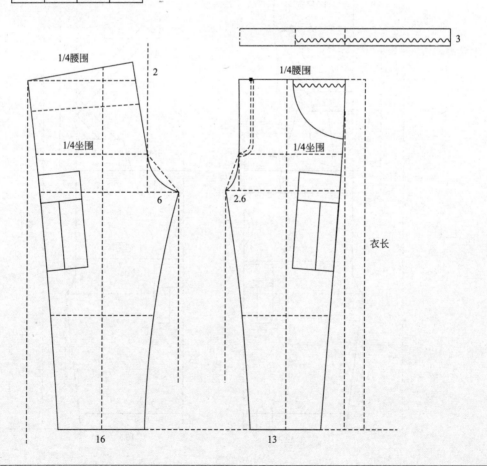

>> 童装牛仔裤

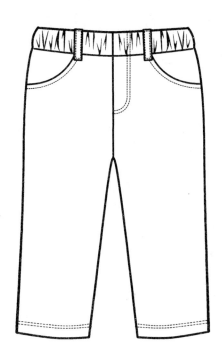

板样裁剪说明

前身

（1）前坐围：19厘米，坐围尺寸25%-1厘米

（2）前小裆宽：3.5厘米，坐围尺寸4.5%

（3）前裆深：24厘米

后身

（4）后坐围：21厘米，坐围尺寸25%+1厘米

（5）后小裆宽：6.5厘米，坐围尺寸9%

部位	衣长	腰围	坐围
尺寸	68	46	80

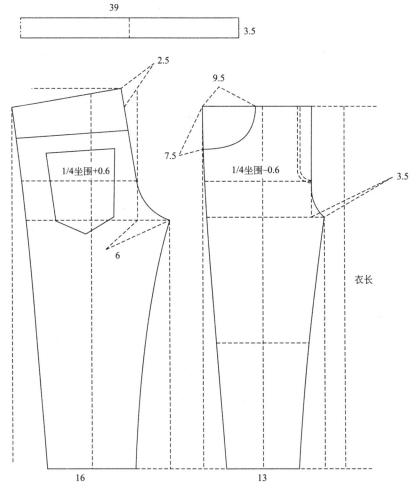

>> 女童高弹打底裤

板样裁剪说明

前身
（1）前坐围：12.5厘米，坐围尺寸25%
（2）前小裆宽：2.5厘米，坐围尺寸4.5%
（3）前裆深：22厘米

后身
（4）后坐围：12.5厘米，坐围尺寸25%
（5）后小裆宽：2.5厘米，坐围尺寸9%

部位	衣长	腰围	坐围
尺寸	63	45	50

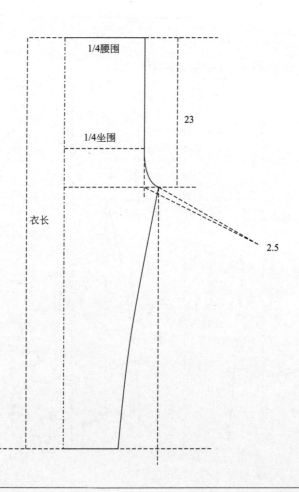

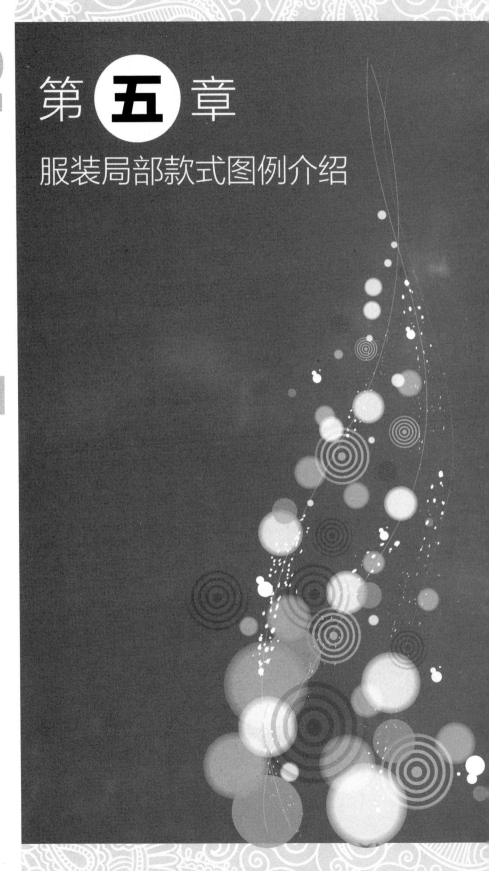

Chapter 5

第**五**章
服装局部款式图例介绍

>> 领型图例

（1）无领

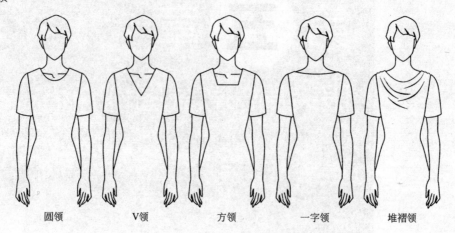

圆领　　　　V领　　　　方领　　　　一字领　　　　堆褶领

（2）立领

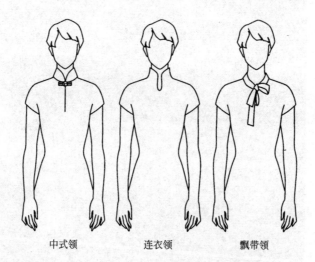

中式领　　　　连衣领　　　　飘带领

（3）翻立领

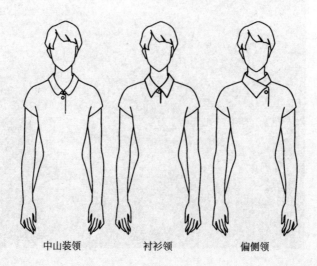

中山装领　　　　衬衫领　　　　偏侧领

（4）摊领

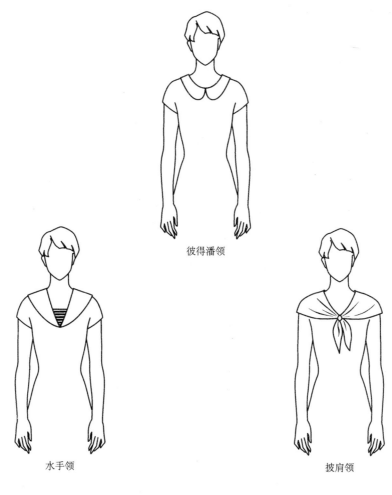

彼得潘领

水手领　　　　　　　　　披肩领

（5）驳领

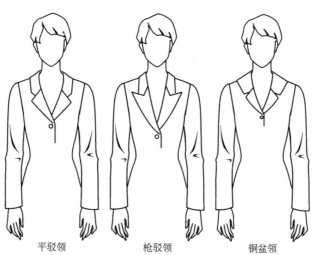

平驳领　　　　枪驳领　　　　铜盆领

>> 袖型款式图例

（1）按袖子长短进行分类

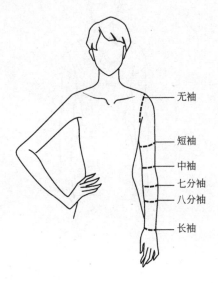

无袖

短袖

中袖

七分袖

八分袖

长袖

（2）按袖子造型分类

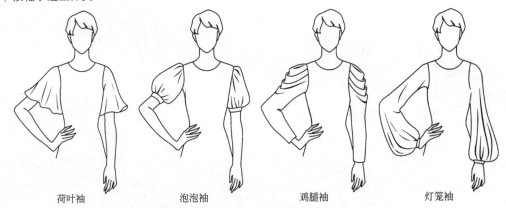

荷叶袖　　　　　　泡泡袖　　　　　　鸡腿袖　　　　　　灯笼袖

（3）按上袖类型分类

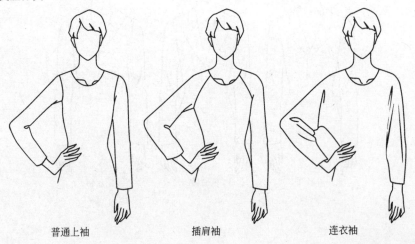

普通上袖　　　　　　插肩袖　　　　　　连衣袖

▶▶ 裤型款式图例

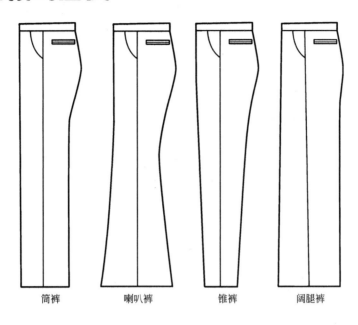

简裤　　　喇叭裤　　　锥裤　　　阔腿裤

▶▶ 裙型款式图例

WL

低腰裙　　无腰裙　　连腰裙　　自然腰裙　　宽腰裙　　高腰裙　　连衣裙

欢迎订阅服装类图书